아주 史.적.인. 고백

정상호의 역사여행 에세이

아주
史.적.인.
고백

14살 소년이 받았던 생애 최고의 선물,
그것을 함께 나누고 싶은 희망을 담아…

평생을 공직에 몸담아 온 사람이 역사를 통해 세상을 논한다니 어울리지 않는 옷을 입은 것이 아닌가 하는 생각도 든다. 그러나 나에게는 나름 그럴 만한 이유가 있다. 우선 나는 역사를 좋아한다. 그러다 보니 세상사를 역사적 관점에서 생각하고 분석하는 버릇이 몸에 배게 되었다. 평소 역사에 관한 상념이 떠오르면 틈틈이 글로 옮기고 여행을 할 때는 취재기자처럼 노트를 들고 다니며 느낀 소회들을 기록했다. 이 책은 그동안 이렇게 써 놓은 글들을 정리한 것이다.

역사가 무엇이기에 그토록 나를 끌어당기는가? 만약 역사가 과거의 기록에 불과하다면 나는 별 흥미를 느끼지 못했을 것이다.

역사는 알면 알수록 묘한 끌림이 있다. 그것은 흘러간 죽은 과거가 아니다. 영원히 살아 꿈틀거리며 우리 삶의 오늘과 내일을 열어 가는 자양분이 된다.

일상생활뿐만 아니라 내가 일해 온 정부나 공기업 또한 역사의 프리즘을 통하면 보다 넓고 깊게 그리고 길게 보이는 부분이 많다. 같은 일을 해도 한결 뜨거운 가슴으로 품을 수 있다. 결국 역사는 한 개인과 그 사회, 국가를 자극하고 발전시킨다. 나는 이 책을 통해 그런 생각들을 함께 나눌 수 있었으면 한다.

지금으로부터 41년 전 이야기다. 서울의 한 중학교 2학년 학생이 여름방학이 되어 여느 때처럼 시골 고향으로 내려갔다. 엄한 아버지의 공부하라는 엄명이 무서웠으나 복잡한 영어나 수학은 엄두가 나지 않았다. 그때 그의 눈에 띈 것이 세계사 교과서였다. 만화 같은 그림이 곁들여져 있고 내용도 소설처럼 재미있어 보였다. 덕분에 소년은 여름 한 달 내내 시원한 시냇물과 나무 그늘, 매미소리를 벗 삼아 인류 역사의 무대 위에서 마음껏 뛰놀 수 있었다.

그때 읽은 '세계사 교과서' 한 권은 내 인생 최고의 선물 중 하나라 할 만하다. 그 후 나의 시선은 '나의 내부'로부터 '바깥 세계'로 옮겨졌다. 어느덧 역사는 취미나 관심의 대상을 넘어 비가 오나 눈이 오나 나를 꿋꿋이 지탱해 준 기둥이 되었다. 마치 성능 좋은 자동차 엔진처럼 동서고금의 무한한 세계로부터 끊임없이 새로운 지식을 빨아들여 나를 지금의 이곳까지 탈 없이 이끌어 주었다. 만약 역사를 몰랐다면 내가 과연 지금의 모습으로 존재할 수 있었을까 하는 의문이 들 정도다.

하지만 역사에는 쉽게 알아내기 힘든 함정이 하나 있다. 승자에 의해 기록되기 때문에 왜곡될 수 있다는 것이다. 우리 역사도 마찬가지다. 원래 우리의 역사는 북방 몽골리안에서 비롯되었다. 그 뿌리가 조선에 들어와 큰 상처를 입었다. 한(漢)족, 유학, 농경정착이라는 새로운 바이러스가 창궐했다. 결국 조선은 식물인간이 되었고, 이들 바이러스는 오늘날 이 땅에서 주인 행세를 하고 있다.

이러한 우리 역사의 왜곡은 정반합의 법칙에 따라 반드시 극복되어야 한다. 그래야 우리의 미래를 능동적으로 개척해 나갈 수 있다. 어느 때인가부터 이 문제가 나를 불타게 만든다.

그러나 우리 현실은 역사가 제 대접을 제대로 받지 못하고 있다. 모임에서 역사 이야기가 나오면 지루하게 생각하고, 역사 지식을 TV드라마의 안방사극에서 가져오는 경우도 흔하다. 이 땅의 미래를 짊어질 중고등 학생들은 국사가 선택이다 보니 회피하려 한다. 사회 여론이나 정부의 주요 국내정책, 대외정책에 있어서도 역사의 큰 흐름을 짚는다면 훨씬 좋은 결정을 할 수 있을 텐데…… 아쉬울 때가 있다. 내가 부족함을 무릅쓰고 이 책을 내게 된 이유이기도 하다.

아무쪼록 이 책이 우리 사회의 역사 인식에 대해 새롭게 조명해 보는 작은 계기가 될 것을 기대한다. 역사의 아마추어인 평생 공직자가 쓴 글에 한 분이라도 공감하고 이해해 준다면 더 이상 바랄 것이 없다.

끝으로 이 책을 내기까지 많은 분들의 도움이 있었다. 정성스레 교정을 보아 준 이재홍 실장과 이재면 대리, 멋진 책으로 만들어 준 동아일보사 관계자 여러분들, 솔직한 비판과 조언으로 힘을 북돋워 준 사랑하는 은희, 아빠의 역사관에 대해 쓴소리를 마다하지 않고 나를 자극한 다예와 다일, 모두에게 감사를 드리며, 이 책을 존경하는 세종대왕과 칭기즈칸, 그리고 그리운 나라 고구려에 바친다.

2010년 10월
경기도 분당 서재에서
정상호

영혼이 맑은 한 공직자의 큰 나라 위한 차분한 웅변

사람은 자신의 생각과 느낌을 언어와 비언어로 표현합니다. 이 때 그냥 표현하는 것이 아니라 숨에 실어서 합니다. 저자는 역사의 숨을 길게 쉬며 다양한 경험을 토대로 한 생각과 느낌을 책에 담았습니다. 그것도 직접 보고 반성하며 새로운 세계를 기약하고자 노력했습니다.

저자는 《한국문단》 등단 작가로, 세심한 관찰력과 세련된 표현력을 갖춘 문필가이면서 동시에 국가와 국민을 위해 큰 나라를 꿈꾸는 책략가입니다. 그가 꿈꾸는 큰 나라는 땅이 큰 나라가 아니라 국민의 마음속이 크고 맑은 나라입니다. 비록 땅은 좁지만 대륙으로 더 넓게, 해양으로 더 멀리 내다보는 눈과 마음을 키우면 된다고 생각합니다. 그 밑바탕에 투철한 역사의식이 자리 잡고 있음은 물론입니다. 저자가 어릴 적부터 역사에 흥미를 갖고 그런 각도에서 조명하고 관찰한 흔적이 글 곳곳에 역력합니다.

저자는 자랑스러운 큰 나라가 되는 열쇠로 세 가지를 제시합니다. 첫째, 지정학적 여건을 감안하여 이탈리아 반도의 로마나 아나톨리아 반도의 오스만터키와 같이 대륙과 해양 사이에서 균형을 이루어야 한다는 것입니다. 둘째, 몽골리안과 우랄알타이어족의 혈통적 · 문화적 DNA를 살려야 한다는 것입니다. 셋째, 원교근공 (遠交近攻) 또는 이이제이(以夷制夷)로 대외전략의 개념을 바꾸어야 한다는 것입니다. 이는 신기루가 되어 버린 고구려의 기상을 상기시키는 역사 패러다임 시프트에서 비롯된 발상의 전환입니다.

그러기 위해서 우리를 옥죄고 있는 과거의 관행과 관념을 버려야 한다고 말합니다. 저자는 공직자 시절 보직이 바뀌고 새로운 일을 접할 때마다 "찌들은 역사적 관념의 마법도 풀어 버려야 한다."며 '지식' 보다는 '변화'를 흡수하려고 애썼습니다. 본원적인 큰 틀에서 접근하면서 새로운 일을 맡으면 과거에 했던 업무와 어떤 점이 다른지를 곱씹었습니다. 이는 공직자가 변화를 두려워한다는 일반의 생각과는 정반대인 것입니다.

또한 저자는 스페인, 터키, 몽골 등과 국내의 명승지를 돌면서 접한 삶의 양식과 생각의 체계로부터 우리에게 많은 것을 선사합니다. 그러면서 경세의 끈을 놓지 않습니다. 그것은 리더십에 관한 탁견에서 내밀한 의중이 드러납니다. 칭기즈칸이나 히딩크 같은 인물의 리더십은 큰 나라로 가기 위한 필수적 요소이기 때문입니다. 저자가 리더십을 "목표를 달성하기 위해 조직을 이끄는 지도방식"으로 정의하고, 히딩크 리더십의 특징을 여섯 가지(목표설정, 사람 쓰기, 기본·기초, 통합, 믿음, 환경)로 나누어 설명한 것은 여느 리더십 이론가 못지않습니다. 추천사를 쓰는 나 자신이 요즘 학교에 남아 '리더십 센터' 일을 보며 젊은이들을 대상으로 리더십을 연구하고 훈련하면서 섭렵한 여러 이론서들 못지않은 분석틀이기 때문입니다.

저자와 나의 인연은 30년 전 서울대학교 행정대학원에서 비롯됩니다. 그런데 2002년 저자가 문단에 등단했을 때 보내온 글을

11

보고 그 가득함과 유려함에 놀라 스승과 제자가 뒤바뀐 것이 아닌가 하는 생각을 한 적이 있습니다. 한마디로 청출어람(靑出於藍)이라고 해야 맞지 않을까요? 결국 저자가 역사를 통해 전달하고자 하는 메시지는 '희망'이라고 생각합니다. 내일로 가기 위해, 큰 나라 '대~한민국'을 건설하기 위해 우리가 함께 힘을 모으자는 목소리입니다. 하여, 내 마음도 벅차오르는 것을 느꼈습니다.

보통 언론 가십으로 '영혼이 없는 공직자'란 말은 응용현상학을 하는 랄프 험멜(Ralph Hummel)의 《관료의 경험》(Bureaucratic Experience)에서 유래합니다. 그는 처음 이 표현을 쓰고 공직자들로부터 호된 신고식을 치렀습니다. 본인은 '관료란 사람이 아니라 사례를 다루는 직업이기 때문에 영혼이 없어야 마땅하다'는 뜻으로 쓴 것인데, 국민이 그대로 받아들일 리 만무합니다. 공직자는 늘 국민의 애환을 보듬어야 하기 때문이지요. 이런 기대가 맞다면 저자야말로 맑디맑은 영혼으로 국민과 국가를 감싸는 훌륭한 문필가 관료가 아닐 수 없습니다.

바라건대 나라를 걱정하며 정부 조직을 관리하고 힘들게 기업을 경영하는 이들은 물론 자라나는 젊은이들이 이 책을 통해 새로운 생각으로 넓은 세계에 좀 더 다가가 큰 나라를 이룩하는 데 함께 힘을 모으는 계기가 되었으면 좋겠습니다.

경인년 가을
서울대학교 명예교수
김광웅

혜안으로 가득한
우리 역사 바로 보기

　　　　　　오랜 벗인 정상호 교통안전공단 이사장이
역사 에세이를 낸다는 말을 들었을 때 솔직히 처음에는 조금 엉뚱
하다는 생각이 들었다. 저자는 평생 공직에 몸을 담아 온 사람이
다. 그런 사람이 책을 내면 십중팔구 전문분야를 다루거나 자신이
살아온 이야기를 쓸 텐데, 역사를 소재로 한 수필이라고 하니 조금
뜻밖이라는 생각이 들었기 때문이다. 하긴 그는 대학교 시절 처음
만났을 때부터 역사 이야기를 즐겨 하곤 했다. 또한 이미 문단에
등단한 수필가가 아닌가! 그렇지만 역사를 소재로 수필집을 낼 줄
은 전혀 짐작을 못했기에 나에게는 하나의 신선한 충격이었다.

　그런데 막상 그의 글을 보고 나는 또 한 번 놀랐다. 역사에 대한

해박한 지식도 지식이려니와 무엇보다 그 어디에서도 찾아 볼 수 없는 독특한 그만의 역사 해석과 역사관이 흥미롭다. 또한 역사를 거시적 관점에서 종합적으로 보고 핵심을 꿰뚫어 마치 고도로 숙련된 장인이 쇠를 달구어 명검을 뽑아내듯 우리의 삶에 참고할 만한 소중한 지혜를 제시하고 있었다. 그의 역사 이야기는 단편적인 지식과 잔가지에 매몰된 죽은 역사, 재미없는 역사가 아니다. 펄떡이는 물고기처럼 생동감이 있고 스케일이 커서 눈길을 끈다. 한마디로 바쁜 공직생활 속에서 창조적 정신의 틈을 내어 현상을 관조하고, 동서고금의 역사를 깊이 사유한 끝에 캐낸 보물들을 유려하고 힘 있는 필체로 써내려 간 하나의 서사시이다.

저자는 28년간 공무원 생활을 하고, 지금은 공공기관의 CEO로서 공직을 수행하는 '전문 행정가'다. 그의 이력 어디에도 이 틀을 벗어난 적이 없다. 그럼에도 평소 그가 틈틈이 보여 준 번뜩이는 통찰력과 혜안, 원대한 풍모는 주어진 일만 잘하는 행정가를 넘어 탁월한 비전을 가진 창조적 리더로서의 모습을 느끼게 했다. 나는 이번에 그의 역사 에세이를 접하고 그의 그런 모습이 자유로운 영혼을 가진 수필가의 모습과 일맥상통한다는 것을 깨닫게 되었다.

요즈음 널리 인식되고 있는 인문학적 효과라 할 만하다.

그의 작품은 깊은 역사적 식견을 바탕으로 삶에 대한 철학과 사색의 틀을 제공하고, 우리 사회의 나아갈 방향을 짚는다. 비록 좁은 땅에 살고 있으나 모든 국민이 큰 사람[大人]의 풍모를 갖추어 큰 나라를 만들어 가자는 〈좁은 땅, 큰 나라〉, 주변 강대국들 사이에서 우리의 나아갈 길로 대륙화합(大陸和合), 해양연결(海洋聯結)을 제시한 〈물과 뭍의 방정식〉, 광활한 고구려의 옛 땅을 답사하며 진취적인 민족적 기상과 자긍심에 대한 그리움을 표현한 〈그대는 신기루인가〉, 그리고 몽골과 터키를 여행하며 우리의 미래를 위한 속 깊은 열망을 작가적 감성으로 써내려간 〈내 마음속 그 푸른 초원을 찾아서〉와 〈모든 역사는 터키로 통한다〉 등 하나하나가 깊은 울림이 있고 다양한 현실 공간에서 국가의 희망찬 비전이 될 수 있는 진취적이고 창의적인 국가경영 프로그램이다. 내가 사회현상을 다루는 경영학도이기에 이런 독특한 관점과 해법은 참으로 흥미롭다.

이 수필집은 풍부한 역사적 정보와 함께 우리나라에 대한 애정이 가득히 묻어나는 은자(隱者)의 우렁찬 목소리이며 고양된 지성의 단초를 제공하는 화수분이다. 단단하고 명확한 그의 신념, 날선 비판은 읽는 이에게 문학적 감동 이상의 뜨거움을 느끼게 할 것이다. 공직자가 이런 책을 썼다는 사실이 놀랍고 또한 기쁜 일이 아닐 수 없다.

2010년 10월
고려대학교 경영대학원 원장
장하성

차례

1부
우리 땅, 희망의 두 끝에 서다

역사칼럼

2 부
겨레의 숨결을 따라, 만주벌

3부
솔롱고스(무지개 나라), 몽골

4부
동서 문명이 넘나드는 바다, 지중해

1부

우리 땅, 희망의 두 끝에 서다

장성, 담양

풍류와
은자의 고장

●　　　　　　　올해 중앙공무원교육원의 전통예술답
사 주제는 호남 문화였다. 교육원에서 깊이 있는 답사를 위해 오
리엔테이션을 하루 실시했다. 강사는 남도 문화의 특징이 때로는
기회주의적으로도 보일 만큼 개방적이고 징한 기질이 있어 한(恨)
과 저항의식이 강한 것이라고 말한다. 그래서 깊이 알수록 감칠맛
이 우러나오는 우리나라 예술의 뿌리란다. 전에는 조그만 나라에
서 호남 문화나 영남 문화, 기호 문화가 본질적으로 뭐 그리 크게
다르겠는가라는 생각도 일부 없지 않았지만 교육을 받고서는 고
개가 끄덕여졌다. 학교나 기업도 문화가 서로 다른 법인데 과거
교통이나 통신이 제약되었을 때 지리적으로 떨어져 살았던 사람

들 간의 생각과 문화에 차이가 없다면 오히려 이상한 일이 아니겠는가?

또 다른 초청 강사인 판소리 명창이 판소리의 역사와 장단에 이어 〈심청가〉, 〈흥부가〉와 같은 여러 마당을 소개하였다. 그 중 〈춘향가〉에서 방자가 그네를 타던 춘향에게 이몽룡의 연심(戀心)을 전하는 자진모리에 그 당시 사람들이 생각하던 지역별 특징이 재미있게 나타나 있다.

> "…경상도 산세는 산이 웅장허기로 사람이 나면 정직허고 전라도 산세는 촉(矗:높이 솟아 뾰족함)허기로 사람이 나면 재주 있고 충청도 산세는 순순허기로 사람이 나면 인정 있고…."

3월 초봄의 아침 햇살이 교육원 주차장에 눈부시게 비춘다. 동료들이 저마다 가방 하나씩을 어깨에 메고 환한 웃음을 나누며 버스에 오른다. 모처럼 긴장의 울타리를 벗어던지고 편하게 마음을 방목(放牧)하는 모습이 보기 좋다. 비싼 요금 탓에 상대적으로 차가 덜 붐비는 천안~논산 고속도로를 거쳐 호남고속도로 백양사 IC로 빠져나오니 옹기종기 모여 있는 집들에서 농촌 냄새가 묻어나기 시작한다. 아직 꽃은 보이지 않지만 파릇하게 고개를 내미는 새싹과 흐르는 시냇물이 다소곳하게 봄을 알리고 있다. 푸른 장성 호수를 오른쪽에 끼고 한참을 달리니 첫 번째 목적지인 백양사다.

백양사는 백제 무왕 때 창건된 절이다. 노령산맥이 서남쪽으로 달리다가 호남평야에 이르러 돌출한 백암산 골짜기에 자리 잡고 있다. 본래 이름은 백암사였는데 그 후 한차례 크게 보수한 뒤 정토사로 불리었다가 스님이 법화경을 독경할 때마다 흰 양이 나타나 무릎을 꿇고 듣곤 하여 백양사(白羊寺)로 바뀌었다고 한다.

산 입구에 들어서자 오백 년 묵은 갈참나무가 줄기를 서로 꼰 채 양팔을 크게 벌리고 있다. 천연기념물인 비자나무도 적당한 높이로 호위하듯이 늘어서 시원한 그늘을 만들고 있다. 방문객들은 이들의 영접이 그저 즐겁고 감사할 뿐이다. 우리나라 대부분의 명찰이 그러하듯 이 절도 들어가는 숲길이 정취가 있다. 내소사처럼 곧게 뻗은 전나무 숲길도 아니고 해인사처럼 깊이 우거진 소나무 숲길도 아니지만 그윽한 소박함이 배어 나온다. 한 걸음씩 옮길 때마다 세속의 먼지가 털어진다.

절의 일주문 앞에 이르니 만암(曼庵) 대종사가 큰 돌을 깎아 세운 '이뭣꼬' 탑이 발길을 붙잡는다. 잠시 숨도 고를 겸 사진을 찍으며 탑을 살펴본다. 태어나기 전 자신의 참모습을 골똘히 참구하여 깨달으면 생사를 해탈한다는 말이 새겨져 있다. 일행 중 하나가 큰 발견을 했다는 듯이 소리친다.

백양사

"어? 스님은 경상도네."

역시 중생의 분별심은 시간과 장소를 가리지 않는다.

일주문을 지나 절의 경내에 들어와 보니 그 규모가 생각보다 크지 않다. 대신 전체적으로 단아하고 꽉 짜인 느낌을 주면서도 마음이 편해진다. 특이한 것은 대웅전 넘어 산꼭대기에 크게 깎아지르며 서 있는 학바위다. 마치 절의 수호신처럼 높은 산에서 절을 그윽이 굽어보고 있다. 절 마당에서 올려다보니 어디에서든 바로

일주문을 지나 절의 경내에 들어와 보니
그 규모가 생각보다 크지 않다.
대신 전체적으로 단아하고 꽉 짜인 느낌을 주면서도
마음이 편해진다.

앞에 마주보는 것 같은데 눈부신 햇빛을 받아 글자 그대로 학처럼 하얀 명경지암(明鏡止岩)이다. 마음의 때가 그대로 환하게 비추이는 것 같다. 그래서일까? 깊은 산속에 있는 절은 대부분 주위와 조화를 이루게 마련이지만 특히 이 절은 산 전체가 하나의 절과 같다는 느낌을 갖게 한다. 굳이 말한다면 절이 산이요, 산이 절이니 자연 그대로가 깨달음이다.

다음은 홍길동 생가다. 홍길동은 소설 속에서 만들어진 허구적 인물이 아니다. 《조선왕조실록》과 일본의 《유구국 유래기》에 기록된 실존 인물이었다고 한다. 그는 조선 세종 때 이곳 장성에서 정3품까지 지낸 홍상직과 관기 옥영향 사이에서 태어났다. 첩의 자식으로 벼슬길이 막히자 의적이 되어 활빈 활동을 하다가 관직을 능욕한 죄로 체포되었으며 후에 오키나와로 탈출하여 그곳의 왕이 되었다.

장성군이 홍길동처럼 극적인 삶을 산 인물을 놓칠 리 없다. 생가로 추정되는 집터를 발굴·복원하고 2003년 3월부터 홍길동 축제를 열고 캐릭터를 개발·보급하고 있다. 조선왕조 당시에는 도적이었던 홍길동이 오백 년이 지나서 민중의 애환을 대변한 영웅으로 부활하고 있는 셈이다. 의적 홍길동이 로빈 후드처럼 세계인들의 사랑을 받게 되기를 소망해 본다.

호남의 북쪽 관문이라 할 수 있는 장성을 떠나 대나무 고장 담양으로 향했다. 담양군으로 들어가는 길목에서 한복을 곱게 차려입은 30대 여인이 버스에 올라타더니 담양군의 문화유산 해설사라고 자신을 소개한다. 그런 직업도 있나 하는 의문도 잠시, 그리운 금강산을 멋들어지게 뽑고 송강 정철의 〈사미인곡〉과 〈속미인곡〉, 〈성산별곡〉을 줄줄이 낭송한다. 곳곳에서 감탄사가 터져 나온다. 황진이의 매력이 저런 것이었을까? 끼가 흘러넘치는 훌륭한 향토 관광 전문가다.

조선 시대에 담양은 유배지로 유명했다. 임금의 눈에 완전히 벗어난 사람은 제주도나 해남, 함경도로 보내고 아직 미련이 남아 있는 사람은 이곳으로 보내 여차하면 말 타고 한양으로 달려올 수 있도록 했다고 한다. 이곳에 낙향한 양반들은 호남평야의 풍부한 경제력과 따뜻한 기후를 벗 삼아 우리말로 된 가사문학을 화려하게 꽃피웠다. 중국의 한자문학을 앵무새처럼 읊조린 것이 아니었다.

차별이 없다는 무등(無等)산 천왕봉을 오른쪽으로 보고 광주호변에 있는 가사문학관에 도착하니 담양 군수가 반갑게 맞이한다. 그런데 환영사 대신 주옥같은 가사들을 막힘없이 쏟아 낸다. 호남사람들은 모두 다 문인들인가 착각할 정도다.

"…어와 내 병이야 이 님의 탓이로다. 차라리 죽어 가서 범나비 되오리다. 꽃나무 가지마다 간 데 쪽쪽 앉았다가 향 묻은 날개로 임의 옷에 옮으리라…."_〈사미인곡〉 중에서

소쇄원(초여름 풍경)

　고등학교 시절 무조건 암기할 때는 별다른 감흥을 느낄 수 없었는데, 다시 들어 보니 유배 온 처지로 임금을 향한 연모의 정을 묘사한 대목이 심금을 울린다. 만약 그가 요즘 같은 민주주의 시대에 살았다면 임 향한 일편단심을 어찌 읊을지 궁금하다.

　정철 문학의 감흥을 간직한 채 조선 시대 대표적인 민간 정원인 소쇄원으로 발길을 옮겼다. 정자는 당시 인격을 함양하고 후진을 양성하는 토론과 여론 형성의 장이었으며 중앙 정계로 진출하는 교두보였다. 말하자면 오늘날의 살롱이다. 산수 좋은 곳에 정자

하나만 지으면 그 주변이 그대로 정원이 되었는데, 영남의 정자는 눈에 잘 띄지만 호남의 정자는 숨은 듯이 자리 잡고 있다고 한다. 영남에는 한때 잘나가던 양반들이 고향으로 돌아와 자기 과시용으로 만든 것이 대부분이지만, 호남에는 세상을 피하거나 피할 수밖에 없는 은자(隱者)가 많았던 때문이란다.

소쇄원도 조광조가 기묘사화로 유배되어 사약을 받게 되자 제자인 양산보가 출세의 뜻을 버리고 자연 속에서 숨어 살기 위하여 꾸민 곳이다. 있는 듯 없는 듯 자연스러운 맵시가 특징으로 일본의 정원 전문가들도 놀랐다고 한다. 아닌 게 아니라 짙은 그늘을 드리우는 대나무 숲과 계곡을 돌아 흘러내리는 시냇물을 있는 그대로 정원으로 껴안은 것이 자연친화적이다. 중국이나 유럽의 것처럼 인공적이고 화려하지는 않지만 소박하여 친밀감을 느끼게 한다. 양산보가 이 정원을 만든 것이 17살 때였다는데 이렇게 운치 있는 곳에서 평생을 살 수 있었으니 결과적으로 복 받은 사람이라는 생각이 든다. 물론 바깥 세상에 대해 앙금이 없지 않았겠지만 조선 시대 사림(士林), 양반이었기에 그런 특권을 누릴 수 있었으니 말이다. 또한 자기 그릇에 맞지 않게 헛된 이름만 높이려던 당시 많은 선비들에 비하면 최소한 나라와 백성들에게 누(累)를 끼치는 삶은 아니었잖은가?

화순, 보성, 강진

미륵과 나눈
차 한 잔

● 　　　　　　광주에서 하루를 묵고 화순으로 향하였
다. 버스가 광주를 벗어나 화순으로 들어서니 군청의 관광전문위
원이 탑승하여 안내를 한다. 담양의 문화유산 해설사에 해당하는
사람이다. 화순하면 시커먼 석탄이 생각나지만 사실은 김삿갓이
죽기 전에 마지막으로 머물렀을 정도로 경치가 좋은 곳이라고 한
다. 화순이 전원관광도시, 무공해 오리농법과 같은 첨단 농업도시
를 지향하는 것도 이 때문이란다. 미래를 접목하는 농촌의 모습을
보지 못하고 운주사 하나만 들릴 수밖에 없는 일정이 아쉽다.

　운주사는 신라 말 도선국사가 하룻밤 사이에 천불천탑을 조성했

구층석탑(겨울 풍경)

다는 전설이 담긴 곳이다. 그러나 일반적인 산사에서 느낄 수 있는
경건함이나 정갈함을 기대한다면 실망하기 십상이다. 그보다는 여
느 절과 다른 파격과 이질감이 오히려 호기심을 자아낸다. 우선 절
이 자리한 천불산이 농촌 어디서나 흔히 볼 수 있는 평범한 구릉이
다. 부근에 있는 웬만한 산을 골라도 이보다는 나을 것 같다. 보물
제 796호인 구층석탑도 기단부나 탑신부의 상호 조화나 새겨 넣은
조각의 정밀함 따위가 그다지 공을 들여 만든 것 같지 않다.

　특히 절의 입구와 경내, 산등성이를 가리지 않고 곳곳에 무질서
하게 널려 있는 돌탑과 돌부처를 보면 웃음을 참을 수 없다. 보통

절의 앞과 뒤를 가리지 않고 곳곳에 서 있는 탑과 불상들…
민간에서는 할아버지부처, 할머니부처, 남편부처, 아내부처,
아들부처, 딸부처, 아기부처라고 불러오기도 했다는데
마치 우리 이웃들의 얼굴을 표현한 듯 소박하고 친근하다.

절집에서 적용하고 있는 전체적인 배치 질서를 일부러 무시한 듯 보인다. 생긴 모습도 제각각으로 피자나 호떡처럼 보이는 원형 탑도 있고, 남녀가 맞대고 있는 쌍배불좌상도 있다. 그 중 쌍배불좌상이 단연 인기가 있어서 그 코가 사내아이를 원하는 사람들 때문에 성할 날이 없다고 한다.

종교성이나 예술성을 염두에 둔 것 같지 않다. 마치 서민대중이 절을 보다 편하게 생각하도록 일부러 아무렇게나 만든 게 아닌가 하는 생각이 들 정도다. 민간에서는 할아버지부처, 할머니부처, 남편부처, 아내부처, 아들부처, 딸부처, 아기부처라고 불러오기도 했다는데 마치 우리 이웃들의 얼굴을 표현한 듯 소박하고 친근하다. 이러한 불상 배치와 불상 제작기법은 다른 곳에서는 그 유형을 찾아볼 수 없어 운주사 불상만이 갖고 있는 특별한 가치로 평가받는다.

이런 탑과 불상들이 과거에는 일천 구씩이나 되었다는데 그 이유를 지금까지 정확히 밝혀내지 못했다고 한다. 일행 한 명이 어렵게 생각할 필요가 없다며 "이곳은 탑과 불상을 만들던 공장으로, 끝내 팔리지 않은 불탑과 불상이 남아 있는 것"이라고 말했다. 현대인다운 해석이다. 그러나 관광전문위원은 산에 누워 있는 커다란 와불이 일어서는 날 새로운 세상이 온다는 이야기가 전해지고 있음을 볼 때 무언가 사연이 있을 것 같지 않느냐고 되묻는다. 말하자면 사회에 불만을 가진 지방 세력이 혁명의 꿈을 안고 세운 절이라는 것이다.

말을 듣고 보니 그 해석에 고개가 끄덕여진다. 탑들은 전체 조화나 미세한 부분까지 가다듬는 정성을 생략하고 하늘로만 향해 있는 것이 종교성을 추구하기보다는 어떤 의지를 부르짖는 것처럼 보인다. 절의 앞과 뒤를 가리지 않고 산 곳곳에 서 있는 탑과 불상들은 진법 배치로 보아도 무리가 없다. 소설 《장길산》의 소재가 될 만하다.

절을 내려오니 주변 논, 밭에서 농민들이 부지런히 한 해의 농사 준비를 하고 있다. 하긴 저들에게 절이 세워진 배경이 뭐 그리 중요하겠는가? 모내기를 하다가 탑 주변에 둘러앉아 자신들을 닮은 돌부처들과 함께 막걸리를 나눠 마시며 한 해의 풍년을 한마음으로 빌었으리라. 그러고 보면 속(俗)·불(佛)이 따로 없다.

묘한 여운을 느끼게 하는 운주사를 뒤로하고, 보성의 차밭을 들렀다. 마침 산 위에는 아침 햇살에도 채 가시지 않은 안개가 조용히 배어 있다. 보성이 전국 차 생산량의 40%를 차지할 정도로 유명한 차의 고장이 될 수 있었던 것은 바로 이처럼 차 생육에 최적인 기후 때문이라고 한다. 기후가 연중 온난다습하여 차를 만드는 데 안성맞춤이고, 때를 가리지 않고 자주 생기는 안개도 잎이 이슬을 먹고 단맛을 내게 해 준다. 또한 비료와 농약을 잘 쓰지 않아 잎이 여리다고 한다.

아직 첫물차가 나오기에는 때가 일러 시음용 녹차를 마시며 차밭을

보성 녹차밭

강진만 풍경

강진의 청자도요지

바라본다. 산비탈 전체가 투명한 녹색으로 물감을 입힌 것처럼 장관을 이루고 있다. 차밭을 한번이라도 직접 본 사람이라면 차를 마시고 싶은 생각이 안 날 수 없을 것 같다. 나도 지금까지 커피만 일편단심 찾았지만 이제 녹차의 맑음과 담백함도 가끔씩 느껴 보고 싶어진다.

다음은 강진의 청자도요지다. 강진은 고려 시대 청자를 만들던 도요지가 전국에서 제일 많던 곳이다. 이곳에는 당시 가마터가 남아 있어 고열에서 순수한 백색의 고령토를 자기로 구워 내는 고려

청자의 여운을 진하게 느낄 수 있다. 안내원이 흙을 고르는 데서 부터 아궁이에 불을 넣어 굽고 무늬를 새겨 아름다운 도자기로 빚 어내는 과정을 자세히 설명한다. 특히 상감청자를 구워 내려면 무 엇보다도 불의 온도가 1,250도보다 조금이라도 높거나 낮아서는 안 된다고 한다. 온도계도 없던 그 시절에 이것을 정확하게 유지 했다는 사실이 놀랍기만 하다.

전시관에는 대표적인 고려청자들이 전시되어 있는데 비록 재현 품이지만, 청자는 언제 보아도 아름답다는 말이 부족할 만큼 참으 로 아름답다. 그 중 청자비룡형 주전자가 특히 눈길을 사로잡는 다. 높이 24㎝의 아담한 몸체가 날씬하면서도 안정감이 있고, 손 잡이에서 용이 금방이라도 하늘로 날아오를 듯하다. 이런 작품이 야말로 예술적 정열로 자신의 모든 것을 불태우지 않고는 만들 수 없다. 고려청자를 만든 장인들은 역사에 자신들의 이름은 남기지 않았으나 수천 년 혼을 전한 위대한 사람들이다.

강진, 해남

징한 그리움 속
다산과의 조우

●   우리나라는 지형적으로 산이 많다 보니
들은 산과 산 사이에 추임새로 있는 것 같다. 반면 호남은 들이 넓
어 산이 추임새인 꼴이다. 때문에 산이 별로 높지 않아도 쉽게 눈
에 띈다. 《춘향전》에서 호남 산세가 높이 솟아 뾰족하다고 한 것도
그 때문일 것이다. 헌데 강진에서 해남으로 가는 국도 주변은 들
이 넓은데도 산이 뾰족해 보이지 않는다. 오히려 여자의 가슴 같
이 완만하고 고향을 떠올리는 빨간 황토여서 정취가 있다. 이런
풍토에서 어떻게 한(恨)과 저항의식이 싹텄을까?

    사실 이번 남도 여행에서 가장 기대했던 장소 중의 하나가 다산

구강포

다산초당으로 가는 두충나무 숲길

정약용이 유배 와서 18년 동안 생활한 강진이다. 그의 실학사상이 야말로 오늘날에도 시사하는 바가 많기 때문이다. 그가 이곳으로 유배를 올 때는 바다였으나 지금은 간척하여 농경지가 된 구강포를 지나면 다산 유물전시관과 다산초당이 나타난다.

다산은 조선 영조 때 경기도 남양주에서 태어났다. 이황, 이익을 잇는 남인 학파로서, 바다가 한눈에 굽어보이는 이곳 만덕산 기슭의 다산초당에서 수많은 책을 쓰면서 실학을 집대성하였다. 그의 대표작인 《목민심서》와 《경세유표》도 모두 이때 쓴 것이다.

그가 책을 쓰는 데 기울인 정성은 가히 눈물겨울 정도다. 너무 오래 앉아 글을 쓰다가 엉덩이가 곪아 앉을 수가 없게 되자, 벽에 선반을 만들어 놓고 서서 집필을 계속했다고 한다. 이러한 그의 학문적 집념은 유배생활을 마치고 고향에 돌아가 죽을 때까지 계속되어 그가 남긴 저서만 해도 500여 권이 넘는다. 유배생활을 시작한 때부터 매년 14권 정도를 쓴 셈이니 컴퓨터도 없는 당시에 놀라운 일이 아닐 수 없다.

그러나 그의 진정한 가치는 초인적인 저술도 저술이려니와 상상을 초월할 정도로 넓고 깊은 사유와 삶의 궤적에 있다. 그는 죽은 지식을 앵무새처럼 외워 대는 박제된 선비가 아니라 백성을 우선하는 참 정치를 실현하기 위해 고뇌하던 당대의 지성이었다. 종두법을 소개했을 뿐 아니라 수원성을 직접 설계하여 축성할 만큼 과학 기술에도 조예가 깊었다.

이러한 그의 진면목을 잘 나타내 주는 글이 있다.

"…시에 역사적 사실을 전혀 인용하지 아니하고 명월이나 읊는다
면 촌 선비에 지나지 않는다. 그렇다고 역사적 사실을 인용한답시
고 걸핏하면 중국의 일이나 인용하는 것은 볼품없는 짓이다. 아무
쪼록 우리나라의 다른 글 속에서 그 사실을 뽑아내고 그 지방을 고
찰하여야 한다…."

그가 아들에게 쓴 편지의 일부다. 조선 시대 그것도 유학자가 한
말이라고 믿어지지 않을 정도다. 조선 시대에도 이와 같이 실용적
이고 진취적인 기상을 가진 학자가 있었다니, 새삼 우리 역사가
눈물겨울 정도로 고맙다.

다산초당에서 오른쪽으로 20여 미터쯤 가면 바다가 한눈에 보
이는 곳이 있다. 흑산도로 유배 간 형 정약전과 가족들이 그리울
때마다 시름을 달랬던 곳이란다. 그 옆으로 백련사로 가는 오솔길
이 있다. 시대를 잘못 만난 지식인의 외로움이 밀려올 때면 그 길
을 따라 혜장선사를 찾아가 교분을 나누었다고 한다. 한밤중 달빛
을 받으며 표표히 걸어가는 다산의 모습이 보이는 듯하다.
지금은 그곳에 천일각이라는 정자를 세워 놓았는데, 정자에 올
라 보니 남해가 한눈에 들어온다. 이곳에서 다산이 보려고 한 것
은 진정 무엇이었을까? 넘실거리는 바다 너머 가족들만은 아니었

다산초당 오솔길과 천일각

다산초당

을 터이다. 무너져 가는 봉건왕조의 병폐로부터 백성을 구하는 개혁의 빛을 목말라 찾으며 가슴을 검게 태웠으리라. 문득 조선 시대를 장식한 세 명의 정 씨 천재가 세상을 살아간 방식을 비교하게 된다. 정(鄭)도전이 시대의 아픔을 뒤엎어 버린 혁명가였다면, 정(鄭)철은 예술로 승화시킨 문장가였고, 정(丁)약용은 이를 감싸

안은 사상가요 개혁주의자라 할 수 있지 않을까?

　일정에 쫓겨 다산초당에 좀 더 머물지 못하고 떠나는 아쉬움을 달래며 해남으로 향했다. 고산 윤선도의 고택인 녹우당을 보기 위함이다. 집 앞에는 윤선도 당시에 심은 은행나무 한 그루가 세월을 잊은 듯 서 있다. 고산은 지금의 서울 명동성당 앞 연지동에서 태어나 이곳에 양자로 입적하였다. 〈어부사시사〉와 〈오우가〉 같은 그의 대표작은 대부분 이곳 해남과 완도군 보길도에 은거하면서 지은 것이다.

　녹우당에 보관된 유물 중에는 고산의 손자인 윤두서가 제작한 〈동국여지지도〉가 있다. 김정호의 〈대동여지도〉보다 150여 년이나 앞섰음에도 요즈음 지도와 크게 다르지 않다. 숙종의 특명으로 48명의 첩자를 보내 만들었다는 〈일본여도〉도 실제 일본의 모습과 거의 유사하다. 뿐만 아니라 지형과 거리, 지방 부호들의 상황도 상세히 기록되어 일본의 형세를 손바닥 보듯이 볼 수 있다. 윤두서의 손녀딸이 바로 다산의 어머니임을 생각할 때 다산의 실학정신과 기록하는 습관, 공학적인 재능이 어디에서 비롯되었는지 짐작이 간다.

　녹우당을 나오니 주위에 어둠이 깔리고 있다. 왠지 마음도 무겁다. 왜 조선 시대 고산과 다산, 송강 같은 훌륭한 인물들이 모두 유배를 가야 했을까? 또 충무공의 죽음에 대해 자살설이 나올 만큼 옳고 그름이 뒤바뀌어야 했을까? 하긴 그들이 계속 출세가도만을 달렸다면 오늘날 후손들이 감탄해 마지않는 그런 업적은 남길 수 없었을 것이다.

문제는 그러한 역사의 아이러니가 오늘날에도 자꾸 반복되려고 한다는 것이다. 정치인들이 감옥에서 책을 읽거나 능력 있는 사람들이 그늘진 한직에서 지식의 깊이를 더하는 경우를 흔히 본다. 나라와 사회가 바르지 못하기 때문인지, 어느 시절이든 인생의 도리가 원래 그러한 것인지 쉽게 답이 나오지 않는다.

숨 가쁘던 남도 여행의 종착지는 땅끝마을이다. 백두산에서 뻗어 내려온 백두대간이 마지막으로 치솟아 오르며 갈두산 사자봉을 이루다가, 긴 여정을 마감하고 남해 바다로 잠겨 버린 육지의 끄트머리다. 끝이라는 말이 주는 묘한 감흥 때문일까? 이곳의 하룻밤은 술이 생각났다. 일행 몇몇과 밤 깊도록 소주잔을 기울였다.

직접 접해 본 남도 문화는 과연 '한(恨)'과 염원을 가슴 깊이 품고 있음이 느껴진다. 개방적이고 저항적이며 서민적이다. 평야에서 농사를 생업으로 하게 되면 보수적이고 순응적이 되기 쉬울 텐데도 그렇지가 않다. 경주를 방문했을 때 귀족적이고 안정감이 있으며 잘 짜인 설계도를 보는 것과 같았던 느낌과는 사뭇 다르다. 바로 이런 기분을 이 지방 말로 '징' 하다고 하는 것일까?

다음날 아침, 간밤의 숙취로 뻑뻑한 몸을 추슬러 사자봉에 오르

땅끝마을

니 다도해의 여러 섬들이 한눈에 들어온다. 날씨가 좋을 때는 제주도까지 볼 수 있고 일출과 일몰을 한 장소에서 볼 수 있다고 한다. 싸늘한 바닷바람이 얼굴을 시리게 때린다. 남아 있던 술기운이 사라지며 넘실거리는 푸른 바다만이 눈에 가득하다. 비로소 땅끝, 한반도의 끝이라는 사실에 실감이 간다. 이제 더 이상 걸어서는 한 발자국도 나아갈 수 없다.

육당 최남선은 우리나라 땅을 두고 해남 땅끝에서 서울까지가

땅끝마을 일출

천 리, 서울에서 함북 온성까지가 이천 리, 합해서 '삼천리금수강산'이라고 하였다. 그러나 우리 겨레의 숨결이 깃들어 있는 곳이 어디 삼천리뿐이랴. 먼 옛날 우리 조상들은 몽골 고원에서 출발하여 할아버지 시대에 만주평야를 지나고 아버지 대에 백두산을 넘어 남으로 내려왔다. 그리고 바다에 막혀 이곳에서 기나긴 이동의 마침표를 찍었다. 결국 등 뒤 대륙은 힘이 부쳐 포기하고 눈앞의 바다는 낯설어 포기하니 넓은 땅과 바다를 다 놔두고 좁은 반도에 갇힌 꼴이 되었다.

아직 쌀쌀한 기온이 상념을 깬다. 아무리 한반도 끝이지만 바다를 앞에 두고 대륙을 잃어버린 역사의 '한(恨)'을 떠올리다니, 나도 벌써 남도 문화에 익숙해진 것인가? 이제 서울로 귀향해야 할 시간이다. 옛날 북으로 올라가는 봉화가 땅끝마을의 봉화대에서 시작하였듯이, 내려온 길을 기슬리시 두고 온 북쪽 고향으로 돌아가야 한다. 이제 발길을 돌리면 땅끝은 더 이상 끝이 아니라 새로운 출발점이 되리라.

동해에서
사랑하는 딸 다예에게

●   다예야, 여기는 동해를 지키는 해군함정 충주호 안이다. 중앙공무원교육원의 프로그램에 따라 동기생 50여 명과 함께 독도를 가는 길이란다. 말로만 듣던 우리 땅 독도를 직접 본다고 생각하니 가슴이 설레는구나. 충주호는 1,300톤급 초계함인데 모두 우리나라 기술로 만들었단다. 크기가 6층 높이에 길이가 88미터이니 너희 학교 건물의 두 배 정도는 될 것 같구나. 갑판에는 잠수함 잡는 어뢰와 76밀리미터 대포가 언제 나타날지 모를 적을 노려보며 위용을 뽐내고 있다.

    이 배에는 모두 110명이 근무하고 있는데, 우리가 배에 오를 때 모두 하얀 제복을 입고 도열하여 경례를 하며 맞아 주었단다. 언젠

훈련 중인 초계함들

가 너와 TV에서 보았던 장면을 떠올리면 될 것 같다. 네가 있었으면 참 좋아했을 텐데 아쉽구나. 어차피 엄마는 직장 때문에 같이 오지 못하니까 학교를 며칠 쉬더라도 너를 데려올 걸 그랬나 보다.

지금 우리가 있는 곳은 장교 회의실인데 함장 자리를 비워 두고 빙 둘러앉아 있단다. 누구든 함장을 제외하고는 그 자리에 앉을 수 없다는구나. 이 규칙은 직속상관이 있어도 마찬가지일 만큼 철저하단다. 그 이유가 무엇일까? 아마도 함장의 권위와 책임을 존중하려는 것이 아닐까? 왜냐하면 아무도 없는 넓은 바다에서 선원들의 소중한 생명을 책임지는 사람이 바로 함장이니까 말이다.

잠깐 눈을 붙였다 일어나 갑판에서 바닷바람을 쐬니
기분이 상쾌해진다.
배를 탄 지 다섯 시간가량 지났을까?
드디어 울릉도가 보인다.
역시 사진에서 보던 대로 투박한 바위섬이다.

울릉도 저동항

군함은 재빨리 움직여 적을 제압해야 하기 때문에 일반 여객선과 달리 배 밑이 날씬하게 되어 있다. 그러다 보니 여객선에 비해 파도에 더 많이 흔들린다. 배타기에 익숙한 해군도 오래 배를 타다가 육지에 상륙하면 오히려 땅이 흔들리는 것 같다는구나. 두 시간 정도가 지나니 나도 멀미가 나려 한다. 이제 그만 침실로 가서 누워야겠다.

잠깐 눈을 붙였다 일어나 갑판에서 바닷바람을 쐬니 기분이 상쾌해진다. 배를 탄 지 다섯 시간가량 지났을까? 드디어 울릉도가 보인다. 역시 사진에서 보던 대로 투박한 바위섬이다. 저동항의 선착장이 작아 군함이 부두에 접안할 수 없어 조그만 행정선으로 갈아타야 한다. 바닷바람에 조그만 행정선이 심하게 흔들려 배를 갈아타는 것이 조심스럽다. 일행 모두가 상륙하는 데 한 시간이나 걸리는구나. 아무튼 땅을 밟으니 다시 힘이 나고 머리가 맑아진다. 역시 사람은 땅에서 살아야 하나 보다.

59

울릉도에서
딸에게

● 　　　　　다예야, 어제 다일이가 많이 아팠다면
서? 엄마도 늦게 퇴근하여 네가 힘들었겠구나. 어젯밤에 우리 일행
중 한 아저씨가 바닷가를 걸으며 핸드폰 통화를 하다가 미끄러져
바다에 빠졌단다. 다행히 헤엄을 잘 치는 사람이라서 간신히 나왔
다는구나. 수영이 서툰 아빠 같았으면 큰일 날 뻔했다. 너는 수영을
제법 하니까 좋겠다. 앞으로도 틈틈이 계속해라.

　아침 식사를 하고 섬 일주에 나섰다. 울릉도는 제주도처럼 화산
이 폭발하여 흘러내린 용암이 바닷물에 식어서 생긴 섬이다. 거무
튀튀한 화산암이 섬의 뼈대를 이루고 그 위를 군데군데 나무가 덮
고 있다. 섬의 면적이 우리가 사는 분당의 여섯 배인데, 가장 평평

한 나리분지가 너희 학교 운동장의 두 배 정도에 불과할 만큼 섬 전체가 비탈져 있다. 집들은 바닷바람이 세기 때문에 시멘트와 돌로 단단하게 이겨져 비탈진 언덕 곳곳에 제멋대로 옹색하게 박혀 있다.

당초 오전에 울릉도를 보고 독도로 갈 계획이었으나 일기예보에 의하면 독도 주변 바다에 파도가 높다는구나. 할 수 없이 일정을 바꿔 하루 종일 버스를 타고 섬의 구석구석을 살펴보았다. 지금부터 내가 보고 들은 울릉도 이야기를 해주마.

우선 울릉도는 호수나 연못이 드물다. 안내원이 둘레가 30미터쯤 되는 조그만 연못을 보고 울릉도 최대의 호수라고 너스레를 떨 정도다. 비는 제법 오지만 돌에 구멍이 많이 뚫려 있어 물이 땅 위에

울릉도 도동항

고여 있기가 어렵기 때문이다. 곳곳에 향나무와 너도밤나무, 흑비둘기 같은 천연기념물이 서식하고 있으며, 과거에는 미인이 많고 호박이 맛있기로도 유명했다는구나. 그런데 지금은 미인들은 육지로 다 가 버리고 걸어 다니는 호박(?)만 눈에 띈다고 안내원이 우스갯소리를 한다. 한때는 인구가 3만 명에 이르렀지만 현재는 만 명으로 줄었고, 대부분 어업에 종사하며 공장은 호박엿 공장과 배를 수리하는 공장 두 개뿐이다.

섬의 식수원인 봉래폭포와 경사진 산허리를 깎아 만든 취나물, 부지깽이 밭 등을 지나면 해안 순환도로가 나타난다. 탁 트인 바다가 맑고 푸르게 펼쳐지면서 길 양 옆으로 기기묘묘한 바위가 전설을 간직한 채 늘어서 있다. 촛대암, 사자바위, 곰바위, 거북바위, 코끼리바위, 투구봉, 삼선암, 가위바위, 장미바위 등등 우리나라에서는 보기 힘든 이국적인 풍광이다. 비로소 울릉도의 진면목을 보는 것 같다.

도로는 이곳에서 흔한 바위와 시멘트를 섞어 단단하게 포장을 하였는데 경사가 매우 급하고 좁아 차선과 교통 표지판이 없다. 해안도로라고 예외는 아니다. 차선이 없어 오고 가는 차가 요령껏 서로 조심하면서 달려야 한다. 시원한 바다를 벗 삼아 내달리는 일반적인 해안도로를 생각한다면 오산이다. 예외적으로 한 군데 직선 구간에 중앙차선이 설치된 곳이 있긴 하다. 섬에서 유일하게 시속 100킬로미터 이상 달릴 수 있는 곳이다. 하지만 그 구간의 길이도 2~3분 거리를 넘지 못한다. 아무튼 이곳 사람들은 이 구간을 울릉도의 아우토반이라고 부른다는구나.

성하신당(聖霞神堂)은 이 섬의 전통 사당이다. 이 섬의 역사를 짐작할 수 있는 전설을 간직한 곳이다. 원래 울릉도는 우산(于山)국으로 불렸는데 신라 지증왕 때 이사부 장군에 의해 우리 땅이 되었다. 이사부 장군은 나무로 커다란 사자를 만들어 야생 맹수를 본 적이 없는 주민들을 놀라게 하여 항복시켰다고 한다.

그 후 조선 시대에 북방의 여진족이 주변 섬들을 수시로 약탈하자 섬의 주민들을 뭍으로 불러들이고 무인도로 만드는 이른바 공도(空島) 정책을 폈다. 이에 따라 태종은 김인후를 안무사로 파견하여 주민들을 데려오도록 하였다. 그가 병선 두 척에 전체 주민들을 싣고 떠나려 하자 풍랑이 심해져 출항을 연기할 수밖에 없었다. 그날 밤 그의 꿈에 동해 해신이 나타나 젊은 남녀 한 쌍을 섬에 남기면 바람을 잠재워 무사히 출발할 수 있도록 하겠다고 말하였다. 이튿날 젊은 남녀 두 명을 골라 일부러 심부름을 보내고 그 사이에 출항을 하였더니 과연 바람이 잦아들어 무사히 육지로 갈 수 있었다. 그럼 섬에 남게 된 젊은 남녀는 어찌 되었을까? 몇 년 후 김인후가 다시 와 보니 서로 껴안고 있는 백골만 남아 있었다는구나. 지금도 이 신당에는 그때 남게 된 젊은 남녀의 좌상을 모셔 두고 있다. 마침 좌상 앞에서 중년 여인 두 명이 흰 옷을 입고 기도를 하고 있는데 너도 아는 천수경을 염송하고 있구나. 샤머니즘에서 마땅한 기도문이 없으니 불교의 천수경을 빌려 왔나 보다.

↑해안 산책로　↓코끼리 바위　↘사람 옆 모습을 닮은 바위

다예야, 이 이야기에서 무언가 느껴지는 것이 없니? 아빠는 우선 울릉도가 옛날부터 바람이 세고 사람이 살기에 어려운 악조건이었구나 하는 생각을 했다. 또 하나 더 짚어 보려무나. 아빠는 조선의 대외정책이 수동적이고 소극적이었다는 것을 말하고 싶다. 섬이 공격 받으면 그것을 막을 생각은 하지 않고 아예 주민들을 육지로 옮겼으니 말이다. 당시에 그다지 실익이 있을 것 같지 않은 울릉도까지 정벌하기 위해 멀리 바다 밖으로 군대를 보낸 신라와 대비되지 않니? 신라가 삼국을 부분적으로나마 통일한 것이 우연이 아닌 것 같구나.

어느덧 점심시간이 되어 울릉도에서 제일 평평하다는 나리분지에서 준비해 온 도시락을 풀었다. 아직 바람이 차지만 인위적인 꾸밈이 하나도 없는 자연 그대로의 들판에서 울릉도 막걸리까지 곁들이니 그 맛이 일품이구나. 다음 일정은 우리나라 유일의 영토박물관인 독도박물관이다. 비록 독도에 있는 박물관은 아니지만 독도에서 제일 가까운 울릉도이기에 전시된 자료 하나하나가 마음에 와 닿는다. 그 중에서도 기당 이한기의 글이 유달리 눈길을 붙잡는다.

"명명백백한 자국의 영토도 주장하지 않는 자에게는 돌아오지 않는다. 우리의 영토임이 확실한 독도를 일본은 제 나라 땅이라고 주장하고 있는가 하면 우리가 주장하여 찾아내야 할 간도(間島) 땅도 있다…."

독도박물관에서 독도가 우리 땅이라고 하는 것은 당연하지만 왜 간도까지 이야기했을까? 아빠는 이 글이 단도직입적이긴 하지만 고맙게 느껴졌단다. 우리나라에서 저렇게 대놓고 주장하는 강골(强骨)도 있구나 하고 말이다. 최근 중국이 강해지면서 간도를 이야기하는 목소리가 거의 사라지고 있는 실정이거든. 오히려 그것을 순진하고 비현실적인 생각으로 치부하는 사람도 있는 것 같고. 사실 독도를 말할 때는 동시에 간도를 떠올리는 것이 당연한데도 말이다.

다예야, 아빠 편지를 읽고 울릉도가 네가 지금껏 경험한 세계와 다른 것이 많을 것 같다는 생각이 들지 않니? 그런 점에서 이번 여행에 너를 데려오지 않은 것이 못내 아쉽구나. 여행이란 이처럼 색다른 곳을 보아야 재미도 있고 배울 것도 많은 법이거든. 그렇더라도 울릉도는 마음만 먹으면 언제든 올 수 있는 곳이니까 다음에 좀 더 커서 와 보도록 해라. 다만 그때는 이 섬이 지금과 다른 모습으로 변해 있을지도 모르지.

아빠가 보기에도 울릉도는 우리나라의 동쪽 끝이고 독도와 더불어 이국적인 화산암의 풍광을 가지고 있기 때문에 이런 장점을 잘 살리면 훌륭한 관광지로 발전할 수 있을 것 같거든. 물론 바람이라는 약점을 극복해야 하고 경제성도 따져 봐야겠지. 도시도 지금처럼 주먹구구식으로 난개발을 할 것이 아니라, 여건이 비슷한 외국의 관광지들을 참고하여 쾌적하고 특징 있는 바다 휴양지로 계획

독도 박물관

적인 개발을 해야 한다. 외부와의 통행이 확대될 수 있도록 현재 건설 중인 항구 확장 공사를 앞당기고, 소형 비행장 또는 해상 호텔 등의 시설도 생각해 볼만하다.

울릉도가 비록 열악하지만 그는 독도와 함께 우리 동해를 외롭게 지켜 내고 있는 수호신과 같은 존재다. 우리나라가 발전할수록 울릉도 또한 동해의 꽃으로 빛날 수 있어야 한다. 이제 울릉도에 진실로 필요한 것은 나무로 사자를 만든 이사부의 창조성이다. 그리고 사나운 풍랑을 헤치고 신천지를 개척한 도전정신이다. 울릉도와 독도가 아무리 척박하다 하지만 자연과 인공이 어우러진 환상의 해상공원이 되지 말란 법이 어디 있겠니? 아빠와 함께 일본해가 아닌 동해, 일본 땅 다케시마가 아닌 한국 땅 '독도'의 꿈을 빌어 보자꾸나.

못내 그리운 독도를
눈앞에 두고

● 　　　　　다예야, 울릉도에서 이틀 밤을 보내고,
계획대로라면 오늘 아침 독도로 출발하기로 되어 있었다. 그러나
독도 지역에 태풍주의보가 내려져 배가 갈 수 없단다. 안타깝지만
독도를 포기하는 수밖에 없었다. 대신 울릉도를 해양 경찰선으로
한 바퀴 돌아보고 다시 해군함정으로 옮겨 타고 집으로 가는 길
이다.

　배의 이름은 원주호다. 올 때 탔던 충주호와 비슷한 크기인데 최
근에 건조되어 미사일까지 장착하고 있다. 마침 대포 사격연습이
있어 이를 참관할 수 있었다. '꽝' 하는 폭음과 함께 배가 흔들리며
빨간 불덩이가 먼 바다 위에 설치해 놓은 표적을 향해 날아가는가

독도와 독도에서 서식하는 생물들

독도

싶더니 순식간에 물보라가 치솟는다. 22발을 쏘았는데 모두 250여 만 원어치란다. 네가 직접 보았으면 좋아했을 텐데, 아쉽구나.

비록 3일 동안이지만 계속 바다를 보고 여러 차례 배를 타서 그 런지 이제 제법 배에 익숙해진 것 같다. 일행 모두 삼삼오오 짝을 지어 갑판에 올라 시원한 바닷바람을 쏘이며 이야기꽃을 피우고 있다. 동해에 태풍주의보가 내려졌지만 오히려 지금은 바다가 평소 보다 더 잔잔하다. 폭풍전야의 고요함이 바로 이런 것인가 보구나.

갑판 위에서 보이는 것은 탁 트인 넓은 바다와 그 위에 점점이 스치는 갈매기 한두 마리뿐이다. 바다라기보다는 마음껏 달릴 수 있는 드넓은 초원 같다. 짙은 푸른색 물감을 큰 연못에 풀어놓은 것 같기도 하다. 한마디로 맑고 평화로움 그 자체다. 그러나 사실 알고 보면 이렇게 고요하고 평화로운 바다는 유리그릇처럼 깨지기 쉬운 것이다. 조금 후 태풍이 이곳에 들이 닥치면 언제 그랬었냐는 듯 세상을 집어삼키기라도 할 것처럼 거칠어질 것이기 때문이다. 또 우리 해군이 아빠가 타고 있는 원주호처럼 첨단무기로 무장하 고 늘 긴장하면서 바다를 지키지 않으면 언제 어떤 일이 생길지 모 르지 않겠니?

다예야, 바위섬 독도는 그런 동해 바다 한가운데 홀로 우뚝 서서 400만 년을 견뎌 왔다. 바다가 고요하면 고요한 대로, 흉포하면 흉 포한 대로, 또 인간들이 전쟁을 하면 하는 대로 동쪽 끝에서 조그

마한 몸으로 말없이 우리나라를 지켜 왔을 것이다. 비록 독도에 오
르지는 못했지만 울릉도를 보고 나니 독도를 알 것도 같구나. 그
느낌을 동해 바람에 실어 본다.

독 도

그 누구도 태어나지 않았다
불덩이 들끓어 바다에 치솟아
긴 긴 세월 찬바람에
오직 외로움을 새까맣게 태워 씹으며
홀로 버텨 있었다

지나던 길손 반갑게 손짓해도
외고집을 새하얗게 날 세워
파도와 불임(不姙) 사랑을 하며
태고의 침묵으로 외면하였다

그러나 마음이 뜨거운 사람들
바람에 날리는 꽃씨처럼 끝없이 몰려오니
바윗덩이 몸뚱이가
태아가 된다

좁은 땅, 큰 나라

중학교 1학년 여름방학이었다. 여느 때처럼 아버지 손에 이끌려 고향의 할아버지 집에 갔다. 맑은 시냇물이 유리알 구르는 소리를 내며 흐르고 매미가 시원스레 울어대며 반겼다. 앞으로 한 달 동안 하기 싫은 공부를 잊고 산과 물을 벗 삼아 마음껏 뛰어놀 수 있다는 생각에 어린 마음은 뛸 듯이 기뻤다. 속을 훤히 들여다보신 아버지가 서울로 먼저 올라가시면서 엄숙한 표정으로 못을 박았다.

"나중에 다 검사할 테니 공부 열심히 해."

역사와의 첫 만남

마음껏 놀고 공부도 해야 하는 문제는 2학기 세계사 교과서를 읽으면서 의외로 쉽게 풀렸다. 세계사는 영어나 수학처럼 머리 아프게 생각할 필요가 없었다. 그저 개울물에 발 담그고 매미 소리 들으며 소설처럼 읽으면 동서고금을 자유자재로 넘나들 수 있었다. 세계 4대 문명의 발상지나 해가 지지 않는다는 대영제국으로 순식간에 갈 수 있었고, 나폴레옹이나 칭기즈칸과 같은 영웅도 거리낌 없이 만날 수 있었다.

세계사에 대한 흥미는 자연스럽게 우리나라 역사로 이어졌다. 그러나 그 만남은 실망스런 것이었다. 국사 책을 보다가 집어던지기도 하고 조선 왕조 이후는 아예 읽지 않고 시험을 치기도 하였다. 역사에는 가정이 없다지만, 우리 겨레가 좁은 한반도를 벗어나 만주와 황하 지방을 무대로 대제국을 건설하는 것으로 국사를 다시 쓰며 안타까움을 달래기도 하였다.

변화는 현실 인식에서부터

30년이 넘게 흐른 지금도 국사를 보는 눈은 그때와 크게 다르지 않다. 다만, 변한 것이 있다면 비좁은 한반도를 현실로 인정한다는 점일 것이다. 그러나 우리가 처한 현실을 냉정하게 본다면 한마디로 매우 어려운 상황이라 하지 않을 수 없다. 지리적으로 보면 세계 1, 2, 3, 4위의 초강대국들이 우리를 둘러싸고 있는 가운데 허리조차 동강 부러져 있다. 국토가 작은 것은 접어 두더라도, 우리처럼 4대 강국에 물 샐 틈 없이 포위된 나라가 지구상 어디에 있는가? 더구나 역사상 가장 어려웠던 구한말 시대에도 나라는 하나였는데 지금은 둘로 갈라져 있지 않은가?

시대적인 흐름도 쉽지가 않다. 지금 세계는 하나의 거대한 시장으로 급속히 변하고 있다. 전 세계가 하나의 시장이므로 세계 최고 수준의 상품, 개인, 기업, 도시, 정부, 국가가 되지 않고는 살아남을 수 없다. 다양한 언어도 경쟁력 있는 몇 개 언어로 흡수, 통합되어 가는 추세다. 물론 현실을 지나치게 비관적으로 인식하는 것이 아니냐고 할 수도 있다. 그러나 전쟁을 대비하면 평화를 누릴 수 있듯이, 위기를 알아차릴 수 있다면 기회를 얻을 수 있다. 시시각각 닥쳐오는 지구적 차원의 무한경쟁 파고를 우리는 좁은 땅 작은 배를 타고 헤쳐 가고 있다는 사실을 정확히 알아야 한다. 그래야 자만하지 않고, 비록 작은 배지만 어떤 큰 배보다도 빠르고 강력하게 개조하여 격랑을 힘차게 뚫고 나아갈 수 있는 것이다. '좁은 땅, 작은 나라'를 물려받았지만 우리는 이것을 '좁은 땅, 큰 나라'로 바꾸어야 한다. 후손들에게 우리의 일기라 할 수 있는 국사 책이 집어 던져지는 모욕을 당할 수는 없지 않은가?

작은 것에 눈을 돌려라

우리에게는 작은 것에 대한 콤플렉스가 있는 것 같다. 분에 넘치게 큰 집에 살려 하고, 경제성이 있는 작은 차보다 비싸더라도 큰 차를 좋아한다. '동양 최대'나 '세계 제일'이란 수식어를 앞에 쓰기를 좋아하며 국호에도 대한민국이라고 큰 대(大) 자를 붙인다. 우리가 작은 나라여서 보상심리가 발동한 것일까? 그러나 이런 식의 접근으로는 다른 나라가 우리를 큰 나라로 존중해 줄 것 같지 않다. 남과 북을 합쳐 봐야 중국의 1개 성(城)이나 미국의 1개 주(州)에 불과한 크기인데, 덩치로 치자면 헤비급과 경량급 선수가 링에 오르는 꼴이 아니겠는가?

그동안 우리는 알게 모르게 일본이나 미국을 많이 보고 참고해 왔다. 반면 싱가포르, 네덜란드 같은 나라에는 큰 관심을 두지 않았다. 그들은 국토가 작고 인구도 적으나 지리적 이점과 개방성, 투명성 등 그들만의 장점을 살려 남부럽지 않게 잘살고 있다. 개방성과 투명성이 무엇인지 우리는 히딩크 감독을 통해 생생하게 보았다.

이제 그들에게도 진지한 눈길을 줄 때가 되었다. 그들이 우리의 교과서가 될 수는 없겠지만 많은 참고는 될 것이다. 만약 우리가 그들의 개방성과 투명성 그리고 효율성으로 무장한다면, 그들보다 훨씬 큰 나라 규모, 지리적 이점, 강인한 민족정신과 오랜 문화유산 등을 생각할 때 새로운 강자로 세계 무대에 등장할 수 있을 것이다.

큰 나라가 되는 길

우리나라를 큰 나라로 만드는 방법은 여러 가지가 있을 것이다. 우선 국토를 열린 국토로 만들어 동북아 물류 중심국이 되고, 정보 기술 강국과 문화 대국이 되는 것도 당연히 필요할 것이다. 그러나 진짜 중요한 것은 국민 하나하나가 큰 사람(大人)의 풍모를 갖추는 것이다. 여기서 큰 사람이란 체격이 크다거나 도덕군자, 사회 지도층 인사를 뜻하는 것이 아니다. 마음속에 스며 있는 냄비, 졸부, 소인배적인 근성들을 없애려고 노력한다면 바로 그 사람이 큰 사람이다.

나라도 마찬가지 이치일 것이다. 넓은 국토에 많은 인구를 가졌다고 큰 나라가 아니다. 비록 땅은 좁더라도 사회 곳곳에 배어 있는 비효율성과 폐쇄성, 부조리, 이기주의 등 후진적인 독소를 근절한다면 큰 나라로 가는 길은 이미 활짝 열려 있다고 할 수 있을 것이다.

'넓은 땅, 큰 나라'를 꿈꾸던 어린 시절에는 우리가 살고 있는 한반도 좁은 땅이 답답하고 안타까웠다. 큰 나라의 영광은 손에 잡을 수 없는 신기루 같이 생각되었다. 그러나 이제 좁은 땅이라는 주어진 조건을 인정하고 나니 '큰 나라'가 되는 길이 보이는 것 같다. 큰 나라는 땅의 크기에 있는 것이 아니라 그 국민의 마음속에 있는 것이기 때문이다.

태조 이성계의 눈물

20세기 영국의 역사학자인 E. H. 카(Carr)는 '역사란 현재와 과거와의 대화'라고 하였다. 역사는 과거의 기록이지만 현재의 눈을 통해서 볼 때 비로소 가치가 있다는 뜻일 것이다. 오늘날 우리가 살아가고 있는 국토 공간은 조선 시대에 형성되었다. 우리 고유의 전통이나 관습도 조선 시대의 옷이나 먹을거리, 사고방식 따위에서 대부분 유래되었다.

이처럼 우리에게 큰 영향을 끼친 조선 왕조이기에, 삶이 답답하고 고달플 때마다 창업주인 태조(太祖) 이성계를 마음으로 보러 간다. 그때마다 700년 역사의 물줄기를 거슬러 올라온 당돌한 후손은 그의 고뇌와 슬픔을 직시하고 파헤친다. 그의 슬픔이야말로 오늘을 사는 우리 아픔의 씨앗이라고 생각하기 때문이다.

역성혁명의 그늘

이성계는 고려 제28대 충혜왕 때 두만강 변의 화령부에서 북방 군벌인 이자춘의 차남으로 태어나, 58세에 조선을 건국하고 74세에 생을 마쳤다. 사나이 대장부로 태어나 천군만마를 호령하며 500년 왕조를 창업하고, 장수(長壽)까지 누렸으니 더할 나위 없이 행복한 사람이라고 할 수 있을 법하다. 그러나 자세히 뜯어보면 이성계는 불행한 삶을 살았고, 그가 세운 조선 왕조는 후손에게 굴곡의 역사를 물려주었다.

그는 소위 역성(易姓)혁명을 통해 정권을 잡았다. 물론 역성혁명 자체가 크게 비판의 대상이 될 수는 없다. 군주에 대한 충(忠)을 강조한 맹자도 제한적으로 인정한 바 있고, 당시 고려 사회가 어떤 방식으로든 개혁을 필요로 하고 있었기 때문이다. 하지만 이성계의 역성혁명은 군주국가 시대에 흔히 있던 다른 역성혁명에 비해 매우 급격하게 이루어졌다.

그는 위화도 회군을 통해 정권을 잡은 지 불과 4년 만에 왕을 신하의 신분인 공양군으로 강등시키고 자신이 새 왕위에 올랐다. 왕건이 50년가량 계속된 후삼국 시대를 거쳐 고려 왕조를 개국한 것과 비교하면 아주 빠른 기간이다. 중국의 위나라 때 조조도 권력을 장악하였지만 실제 왕위를 뺏은 것은 그가 죽은 후 아들 조비 때였다. 하지만 이성계는 어떤가. 비유하자면 직속 상사와 부하가 하루아침에 자리를 맞바꿔 앉은 꼴이다.

사람들이 정서적으로 쉽게 받아들이기 어려웠을 것이다. 이성계를 비롯한 혁명 주체들의 마음속에도 이에 대한 콤플렉스가 없지 않았을 것이다. 개국에 따른 심한 정치적 반발과 왕 씨 일족의 수장(水葬)이나 암살과 같은 피를 부르는 무리수가 많았던 것은 이에 기인한다고 볼 수 있다.

이성계의 셈법

이성계는 문(文)을 우대하고 무(武)를 천시하였다. 당시 고려 사회는 무반 세력이 만만찮은 힘을 가지고 있었다. 그러나 혁명을 주도한 세력은 성리학으로 이론 무장된 정도전과 같은 문인들이었다. 또한 한밤중 쿠데타로 세워진 정부이기에 또 다른 무력 쿠데타의 가능성을 두려워했을 법도 하다.

기존의 고려 사회를 무너뜨리고 새로 출범하는 조선으로서는 무반 세력을 견제하고 문인들을 우대하는 것이 여러모로 마음 편했을 것이다. 정치적인 셈법으로는 이해가 가지만 정작 이성계 본인의 감정은 어떠하였을지 궁금하다. 왜냐하면 이성계 자신이 30여 년을 전쟁터에서 살면서 단 한 번도 패하지 않은 무장이며, 그 힘을 바탕으로 왕이 되었기 때문이다.

조선의 주요 건국 이념은 숭유억불(崇儒抑佛)이다. 고려 시대에는 국교인 불교가 종교인 동시에 세속적인 정치 이념이었다. 동서고금을 막론하고 어느 종교든 본래의 영역을 넘어 세속 정치까지 들어오면, 종교의 가치를 잃어버리고 절대 권력화 되어 많은 문제를 낳게 된다. 중세 유럽 시대 로마 교황이나 제정(祭政) 분리가 되지 않은 사회에서 그 사례가 어렵지 않게 발견된다.

고려 시대의 불교가 그 정도까지 세속화되었다고는 할 수 없겠으나, 새 시대의 정치 이념으로 계속 내세우기에는 상처가 너무 깊었다. 새로운 시대를 표방하는 조선으로서는 고려와 다른 정치 이념이 필요했을 것이다. 그런 점에서 당시 신흥 학문이라 할 수 있는 성리학을 치세 이념으로 내세운 것은 수긍이 간다. 그러나 종교로서의 불교까지 부정하고, 본질적으로 학문인 성리학을 종교화한 것은 너무 정치적인 접근이었다. 그러다 보니 관혼상제와 같은 형식 문제를 가지고 마치 종교 이념

논쟁처럼 죽자 살자 다투었던 것이 아닐까?

그런데 정작 창업자인 이성계는 불교신자였다. 무장 시절 여러 절을 찾아다니며 제왕의 꿈을 빌었고 무학대사를 스승으로 예우하였다. 아들 방원에게 왕권을 빼앗긴 후에는 염불을 벗 삼아 만년을 보냈다. 자신이 세운 나라에서 자신이 믿는 종교가 배척 받는 사실에 대하여 이성계의 속마음은 과연 어땠을까?

역동성을 잃게 한 모화(慕華)주의

국호(國號)는 명에 조선과 화령 둘 중에서 하나를 택해 줄 것을 청하여 조선으로 승인 받았다. 명이 조선으로 승인한 것은 주나라가 기자를 단군조선 이후 조선의 제후로 봉하였다는 《한서지리지》의 내용을 염두에 둔 것이다. 조선이 중국의 제후국이라는 속내였던 것이다.

작은 나라가 큰 나라를 거스르는 것은 옳지 않다는 소위 사불가론(四不可論)을 내세워, 명을 겨누던 창끝을 친원 세력인 고려로 돌린 이성계로서는 친명정책이 당연한 논리적 귀결이었다. 또한 당시 대륙의 새 주인이 된 명으로부터 건국의 정당성을 국제적으로 인정받을 필요도 있었을 것이다.

그러나 나라 이름까지 묻고 따르는 것은 지나쳤다. 지나침은 부족함보다 못한 법이다. 과공(過恭)은 비례(非禮)인 것이다. 이후 조선은 모화사상에 물들어 어처구니없게도 가까운 핏줄이라 할 수 있는 만주족이나 일본을 오랑캐라 부르며 적대시하고, 한족(漢族)만을 해바라기처럼 추종하였다. 그 결과 조선은 시간이 갈수록 문화나 외교의 다양성과 역동성을 상실한 채, 한자나 유학을 읊조리는 양반들이 편협한 자존심을 내세우는 작은 나라로 전락하고 말았다. 고구려가 상무(尚武) 정신과 불교, 유학을 폭넓게 융합하고, 외교적으로 북방 민족, 한족 및 일본과 융통성 있게 교류하면서 강국으로 군림한 것과 대비가 된다.

근·현대사의 첫 단추를 바로 끼워야

영국의 사학자 콜링우드(R. G. Collingwood)는 '역사에서 과거는 죽어 버린 과거가 아니라 아직도 현재 속에 살아 있는 과거'라고 하였다. 그런 의미에서 우리 근·현대사의 출발점인 조선 건국은 현재의 눈으로 철저히 분석되어야 한다. 첫 단추를 잘못 끼우면 옷을 제대로 입을 수 없다. 계승할 것은 발전시키되, 우리의 삶에 그늘을 지우거나 걸림돌이 되는 부분이 있다면 과감하게 바로 잡아야 한다.

이러한 역사 창조의 지혜를 발휘할 때 비로소 과거가 살아 있는 역사가 되고 미래로 나아가는 동력이 될 수 있다. 오늘도 이성계를 만나 이야기한다.

"우리 역사 속에서 당신은 민족의 슬픔으로, 조선은 왜곡의 역사로 해석되어야 합니다. 그것은 당신을 의도적으로 깎아 내리거나, 조선을 부정하려는 것이 아닙니다. 조선을 역사 속에서 다시 살려 내고, 후손들에게 당당한 나라를 물려주기 위한 우리의 아픔입니다."

익숙함과의 이별

나는 기본적으로 관행이나 관습, 관념이란 낱말과 가까이하고 싶지 않다. 이들은 새로운 탄생을 가로막는 두꺼운 껍질과 같기 때문이다. 특히 그것이 그동안 익숙해 있던 관행이나 관념이라면 더욱 그렇다. 내가 이런 생각을 갖게 된 것은 체질적으로 새로운 것을 좋아하는 탓도 있지만 오랜 공직 생활의 경험과 또 하나는 우리 역사에 대한 나름대로의 인식에서 비롯된 듯하다.

공직자는 보수적이어야 한다?

흔히 공직은 신중하고 보수적인 처신이 필요하다고 한다. 속된 말로 그래야 실수할 가능성이 적고, 적이 없어 오래 가며 또 높은 자리에도 오를 확률이 높다고 생각하는 사람들이 있다. 하긴 공직도 사람들이 부딪치며 사는 세상이다 보니 그런 부분이 전혀 없다고는 할 수 없을 것이다. 그러나 30년의 공직 경험을 통해 한 가지 확실하게 깨달은 것이 있다면 최고의 덕목은 따로 있다는 사실이다. 바로 '변화'하려는 자세다.

공직이 변화보다는 안정을 지향한다고 생각하는 사람이 많지만, 이는 겉만 보고 지레짐작하는 것이다. 진정 공직이야말로 변화를 온몸으로 추구해야 하는 자리다. 기존의 관념과 관행을 그대로 따르는 데 만족한다면 굳이 공직을 택할 이유가 없다. 수입이 많고 행동도 자유로운 민간 부문에서 일하는 것이 훨씬 나을 것이다. 무엇인가 새로운 가치를 설정하고, 그 가치를 구현하기 위해 필요한 변화를 설계·관리하는 것이야말로 공직의 보람이다. 그것이 국민이 바라는 공직의 존재 이유이기도 하다.

'지식' 보다 '변화' 마인드가 우선이다

나는 28년 동안 공직 생활을 하면서 여러 보직을 섭렵하였다. 부처를 옮겨 근무하기도 하고, 생전 해 보지 않던 업무를 수행하기도 했다. 원래 인생이 그러하긴 하지만 영락없는 나그네였다. 그렇게 새로운 보직들을 수행하면서 나는 자연스레 변화에 익숙해졌고 또 변화의 가치를 체득할 수 있었다. 새로운 업무를 맡을 때마다 내게 가장 필요한 것은 '지식'이 아니었다. '변화'가 우선이었다. 변화에 적응해야 했고 변화하려는 의지가 필요했다. '이건 내가 전에 했던 업무와 왜 다르지? 꼭 이렇게 해야 하나? 달리 할 방법은 없는가?' 이런 의문들을 거치면 아무리 새로운 업무라도 방향이 서는 법이다. 판단 기준도 마련된 셈이다. 지식이 본격적으로 필요한 시기는 이때부터다. 이런 과정에서 나는 섣부른 경험과 지식 때문에 변화에 저항하고 발목을 잡는 사례를 심심치 않게 목격했다. 이런 경우 지식은 이미 그 사람에게 가치창출의 재료가 아니라 관념에 불과하다고 보아야 할 것이다.

그렇다고 변화는 새로운 업무에만 필요한 것이 아니다. 당연한 말이

지만 오히려 잘 알고 있는 업무일수록 효과가 크다. 변화하려는 의지만
있다면 변화의 맥을 쉽게 짚어 낼 수 있기 때문이다. 실제 공공정책에서
조금만 발상을 바꾸어도 큰 효과를 거두는 사례가 많지 않은가? 반면에
익숙한 기존의 관행과 관념에 매몰되어 국민에게 부담을 주는 부정적
사항들도 많다. 특히 문제가 있는 것이 명백한데도 과거 해 오던 대로
대처하려는 것을 보면 안타깝다. 그런 일일수록 해결하는 과정 자체가
보람 있고 즐거울 텐데 왜 외면하려는 것일까. 나는 이러한 공직 사회의
경험들을 통해 관행을 버리고 변화를 추구하려는 태도가 몸에 배게 된
것 같다.

양복 털어 먼지 안 나는 사람도 있다?

공직이 어두운 관행과 자리를 함께할 수 없다는 사실은 윤리 영역에
서 더욱 확실해진다. 윤리 기준은 그 사회의 발전에 따라 변하게 되어
있다. 과거에 관행이나 인정이라고 여겨졌던 것들이 사회가 맑고 투명
해지면서 죄가 되거나 불합리한 행위로 지탄을 받게 된다. 당사자로서
는 억울하다는 생각이 들 수도 있겠으나 분명 잘한 일은 아니다.

특히 우리 사회처럼 "양복 털어 먼지 안 나는 사람 있나?"라는 식의
사회에서는 누구나 그런 잠재적 위험 속에 살고 있는 셈이다. 이에 대처
하는 방법은 무엇일까? 사람마다 조금씩 다르겠지만 나는 과거부터 내
려온 관행이라는 것을 무시하려고 노력한다. 무엇보다도 그래야 소심한
내 뱃속이 편하기 때문이다.

맹목적이고 끈질긴 역사적 관념의 끈을 놓아라

관행과 관념은 일상생활에서만 부딪치는 것이 아니다. 민족과 역사라는 보다 큰 차원으로 눈길을 돌려 보면 그곳에도 역시 착각과 관념이 깊게 똬리를 틀고 있음을 알 수 있다. 그것은 촌지(寸志)나 떡값처럼 옳고 그른 가치판단의 문제는 아니지만 훨씬 복잡하고 근본적인 것이다. 사실 역사적 관념만큼 맹목적이고 끈질긴 것도 드물다. 오랜 세월 광범위한 범위에 걸쳐 우리의 생각과 행동에 영향을 주어 왔기 때문이다. 그러기에 사람들은 그동안 익숙해 있던 관념을 사실인 양 착각하고 맹신하기까지 한다. 그러나 동서고금 역사를 조금만 살펴보면 한 치의 의심도 없이 절대 진리로 받아들여지던 관념이 신기루처럼 허망한 것이 한둘이 아니라는 것을 쉽게 알 수 있다. 역사가 진화하고 발전하려면 우리가 아무런 의심이나 문제의식 없이 당연한 것으로 받아들이고 있는 관념에 대하여 치열한 의문을 던져야 한다. 그 의문은 근본적이고 큰 틀에서 제기되는 것일수록 바람직하다. 천동설에 대한 의문이 오늘날의 우주를 열었고, 왕권신수설의 폐기로 존엄한 인권을 얻었듯이 말이다.

찌들은 우리의 역사적 관념과 결별하라

마찬가지로 우리 역사에 대해서도 과감하게 의문을 던져야 한다. 과연 우리의 뿌리는 무엇이며 어디로 가야 하는가? 우리의 DNA는 농경 정착인가? 그렇다면 기마, 유목, 수렵의 전통은 어찌 되는가? 우리는 우성의 역사인가, 열성의 역사인가? 중국과 한족은 같은 것인가, 다른 것인가? 요사이 젊은이들이 한자를 모른다고 전통이 무너지는 것이라면 여기서 전통이란 무엇인가? 우리는 여기에 대해 슬기로운 답을 찾아야 한다. 찌들은 관념을 벗어던지고 미래로 날아오를 수 있는 힘찬 희망의 노래를 새롭게 담아 낼 수 있어야 한다.

트로이 전쟁이 끝난 후 오디세우스는 부하들과 함께 고향으로 돌아가던 중 아이아이에(Aiaie) 섬에 상륙한다. 그 섬에는 아름다운 마녀 키르케가 살고 있었다. 그녀는 오디세우스를 유혹하고 부하들은 술을 먹여돼지로 만들어 버린다. 오디세우스는 헤르메스 신으로부터 약초를 얻어부하들을 다시 사람으로 되돌리지만 마녀의 미모와 안락함에 빠져 계속섬에 머문다. 1년이 지나서야 정신을 차리게 된 오디세우스는 마침내마녀와 헤어져 귀향의 모험을 계속한다.

우리가 아무런 문제의식 없이 익숙한 관행과 관념만을 따른다면 키르케의 섬에서 무위도식하는 오디세우스와 크게 다를 바 없다. 매 순간 삶에 있어 익숙한 관행과 결별해야 한다. 찌들은 역사적 관념의 마법도 풀어 버려야 한다. 그 길이 아무리 험난하다 하더라도 새로운 희망과 변화를 향해 도전해 보자. 희망과 변화가 없다면 어찌 미래가 있을 수 있겠는가?

2부

겨레의 숨결을 따라, 만주벌

- 만주 선양
- 만주 환인
- 백두산 천지
- 만주 연변

- 너희가 '명림답부'를 아느냐
- 《삼국지》 유감
- 거대한 역사 속
  나의 1년이 갖는 의미

만주 선양

진달래의
가슴앓이

● 　　　　　　　　중앙공무원교육원의 고위정책과정은
중앙부처 국장급 공무원을 대상으로 일 년 동안 진행된다. 그 중
에서 가장 인기를 끄는 프로그램 중의 하나가 역사 탐방이다. 탐
방 지역으로 작년에는 금강산을 다녀왔지만 올해는 백두산을 가
기로 교육원에서 방침을 정했다. 입교한 동료들이 압도적으로 백
두산을 원했기 때문이었다.

　백두산에 가는 길은 크게 두 가지가 있다. 중국을 경유하는 것과
북한을 통하는 방법이다. 물론 북한으로는 갈 수 없는 터라 중국
의 선양에서 시작하여 고구려 유적과 백두산, 발해 유적을 차례로
살펴보기로 일정이 잡혔다. 이제까지 생각으로만 맴돌던 민족의

성산 백두산과 고구려, 발해의 사적을 모두 한꺼번에 볼 수 있다니……. 나는 흥분과 기대로 가슴이 벅차올랐다.

선양은 랴오닝(요녕, 遼寧)성의 성청 소재지로 만주의 관문이다. 인구가 720만으로 중국에서 네 번째로 크다. 랴오닝성의 이름이 '랴오허(요하, 遼河) 지방이 안녕하냐?'라는 데서 유래하였듯 이 지역은 역사 이래 크고 작은 전쟁이 끊이지 않았다. 가히 동북아시아의 화약고라 할만 했다. 랴오허강과 기름진 만주평야에 바다를 끼고 있어 물자가 풍부하며, 한반도와 중국 대륙 사이에 위치하여 전략적 가치가 크기 때문이었다.

선양공항은 작년에 청사를 신축하여 깨끗하고 정돈이 잘 되어 있다. 그러나 시내로 향하는 고속도로는 편도 2차선으로 확장하는 공사가 한창 진행 중이다. 그 때문인지 차들이 30여 분 동안 움직일 줄을 모른다. 그래도 중국 사람들은 서두르는 기색이 별로 없다. 나도 창밖을 둘러보며 느긋해지려고 애를 쓴다. 구릉 하나 없이 펼쳐져 있는 들판에 벼가 누렇게 익어 가고 있다. 중국인들이 동북평야라 부르는 옛 만주평야인데 한반도보다 넓다고 한다.

차가 계속 거북이처럼 천천히 가자 조선족 여자 가이드가 눈치 빠르게 마이크를 잡고 일어나 우리가 듣기 좋을 만한 이야기를 풀어놓는다. 이곳도 아파트 열풍이 불고 있는데 한국 건설업자가 짓

선양 공항

는 아파트가 특히 인기가 높다고 한다. 삼성전자의 휴대폰과 LG 전자의 가전제품은 어느 브랜드보다 최고로 쳐준단다. 한류(韓流) 물결이 거세어 가수 이정현의 노래 〈바꿔〉는 젊은이들의 애창곡이 된 지 오래이며 안정환, 안재형, 안재욱은 인기가 상한가다. 영화 〈조폭 마누라〉가 흥행에 성공하자 한 중국감독이 이를 본떠 〈조폭 남편〉을 만든다는 이야기가 있을 정도다.

우리로서는 모두 흐뭇한 이야기다. 그러나 마냥 좋아만 할 것은 아니란 생각도 든다. 지금은 한류(韓流)가 시냇물처럼 중국으로 흘러가고 있을지 모르지만 앞으로 중국이 지금보다 잘살게 될 때가 문제이기 때문이다. 그때는 거꾸로 한류(漢流)가 거대한 파도처럼 역류하여 조그만 한반도를 삼켜 버릴 수도 있지 않겠는가?

과거 이 땅에 한류(漢流)가 기승을 부리던 조선 시대에는 중국적
사고와 행동이 일부 양반층을 중심으로 퍼지는 데 그쳐 우리의 정
체성에 미치는 영향이 제한적이었다. 하지만 앞으로 인터넷 시대
에 제2의 한류(漢流)가 휩쓸어 온다면 그 파급효과는 전 국민 모두
에게 무제한으로 미칠 것이다. 그 결과가 어떻게 될지 두려운 생
각이 든다. 오늘날 중국에 불고 있는 한류(韓流)가 훗날 역사의 낚
싯밥이 되지 않도록 우리 모두 깨어 있어야 할 것 같다.

선양 시내의 교통질서는 무질서 그 자체였다. 먼저 머리를 들이
밀지 않으면 한 발자국도 앞으로 갈 수 없을 것 같았다. 그래도 짜
증 내지 않고 무질서 가운데 질서를 만들어 가며 자전거, 세 발 택
시, 승용차, 버스가 뒤섞여 굴러가는 것이 용하다. 교통질서를 잡
으려면 전 국민 모두에게 한 사람씩 교통경찰을 붙여야 한다는 가

선양의 코리아 타운

95

선양 기차역

이드의 말이 실감이 난다.

　도심 가운데 선양 기차역이 있는데 과거 우리네 서울역을 그대로 옮겨 놓은 것처럼 닮은꼴이다. 선양역과 서울역 모두 일본이 지은 것이기 때문일 것이다. 이 도시에는 교민이 2만 명 정도 살고 있다. 그들이 살고 있는 코리아 타운은 도시 중심에 위치하여 임대료가 선양에서 제일 비싼 곳 중 하나다. 곳곳에 한글 간판이 보이는데 설운도 노래방의 해외 체인 1호라는 '설운도 가정노래방'이 눈길을 끈다.

　선양의 대표 유적은 청(淸)나라 시조인 누르하치와 그의 후손이 만주족을 통일한 후 중국 대륙을 정복하기 전까지 살았던 황궁이다. 황제의 집무실 앞에는 왼쪽과 오른쪽으로 각각 네 개의 작은

누르하치 황궁

궁전이 한 줄로 늘어서 있다. 누르하치가 주력부대였던 팔기(八旗)
병의 대장들을 왕으로 봉하고 정사(政事)를 보던 곳이다.

가이드는 누르하치의 중국 정복을 어떻게 설명할까? 자못 궁금
하였으나 그녀는 짧게 답하고 화제를 돌린다. 명의 지방 관리였던
누르하치가 중국을 통일한 것이란다. 만주 지방의 한 중국인이 혼
란한 중국을 바로잡았다는 투다.

통일이란 '같은 민족'을 전제로 한 말이다. 과연 누르하치와 만
주족이 창끝을 중국 대륙으로 겨누면서 이를 통일전쟁이라 생각
했을까? 아니면 한족이 세운 명을 정복하는 것이라고 여겼을까?
사실 어느 것이 역사적 진실인지를 판단하는 것은 그리 어려운 사
항이 아니다. 만주족의 역사와 만주족이 명을 멸망시키고 청을 건
국한 이후 취한 통치정책을 보면 쉽게 알 수 있다.

문제는 오늘날 중국이 이를 인정하느냐의 여부다. 이는 통일이
냐, 정복이냐의 단순한 낱말 차이를 넘어 중국 역사의 뼈대를 좌
우하는 예민한 부분으로 연결될 수 있다. 뿐만 아니라 우리로서는
중국의 실체를 직시하고 동북아시아의 역사와 우리 민족의 정체
성을 바르게 이해할 수 있는 열쇠이기도 하다. 그렇다면 만주족은
누구이며 오늘날의 중국과 어떠한 관계에 있는가? 이는 중국을 여
행할 때 알아 두어야 할 사전지식이기도 하다.

만주족과 누르하치

만주족은 만주 지역에서 사냥과 고기잡이를 하며 살던 퉁구스계의 민족으로 시대에 따라 숙신, 읍루, 말갈, 여진, 만주족으로 각각 불리었다. 말갈 때 고구려에 복속되어 고구려와 그 후예인 발해의 백성이 되었다. 발해가 멸망한 후에는 여진으로 불리다가 금나라를 세워 양쯔강 이북의 대륙을 지배하기도 했다. 그 후 금이 몽골에 망하고 명대에 이르러 여진족은 거주 지역에 따라 크게 건주(建州), 해서(海西), 야인(野人) 여진으로 구분되었다. 건주 여진은 랴오닝과 압록강 유역인 오늘날의 지린성 지역에 살았고 농경에 종사했다. 해서 여진은 과거 금나라 직계로서 지금의 헤이룽장성에 살았다. 야인 여진은 쑹화강 북부 지역에 거주했는데 주로 수렵으로 생활했기 때문에 가장 미개한 종족으로 취급 받았다.

한(漢)족이 세운 명은 이들을 오랑캐라고 경시하며 분열정책을 써 하나로 단결하지 못하게 하되 적절한 힘은 허용함으로써 몽골을 견제하는 이이제이(以夷制夷)의 전략을 취했다. 그러던 중 지금으로부터 4백여 년 전에 누르하치가 나타나 하등민족으로 취급 받던 여진족을 통일한 후 그의 아들에 이르러 명을 정벌하고 중국 대륙의 주인이 되었다.

누르하치는 건주 여진 출신이다. 누르하치란 이름은 할아버지가 지어 준 것인데 여진어로 '멧돼지 가죽'이라는 뜻이다. 그는 20대 때 할아버지와 아버지가 명군에 의해 눈앞에서 피살당하는 비극을 겪었다. 그러나 그는 즉시 원한을 표출하지 않았다. 언젠가 복수하기 위해 자신의 이름처럼 오랫동안 한을 숨기고 온갖 고난을 꿋꿋하게 견디면서 복수의 칼을 갈았다. 때가 이르러 여진을 통일하고 금을 잇는다는 뜻으로 후금(後金)을 건국했다. 안으로는 식량 저장과 인재 발굴 등 역량을 키우고, 밖으로는 자신과 네 아들이 몽골 여자와 결혼하여 겹사돈 관계를 맺음으로써 몽골과의 동맹을 강화하였다.

가중되는 명의 압박에는 강온작전을 적절히 구사하여 대응하면서 때를 기다렸다. 명의 사신에게 "대국이 소국이 될 수 있고, 소국이 대국이 될 수도 있는 것이 하늘의 이치"라고 뼈 있는 말을 하는가 하면 명의 장군에게 친히 국서를 바치기도 하였다. 드디어 1618년 4월 13일. 때가 되었다고 판단한 누르하치는 신하들을 모아 놓고 하늘에 제사를 지냈다. 이 자리에서 그는 명을 공격해야만 하는 이유로 '일곱 가지 원한', 이른바 '칠대 한(七大恨)'을 밝혔다. 명이 자신의 할아버지와 아버지를 살해했던 것이 첫째 원한이었고 한족이 국경을 넘은 것과 만주인들을 주거지에서 내쫓고 경작과 수확을 금지한 것 따위가 포함되어 있었다. 그 후 아들 대에 이르러 명을 정복한 후 청을 세웠고, 청은 대대로 한족들이 만주로 이주하는 것을 막는 정책을 취했다.

이와 같은 역사적 사실을 살펴본다면 그것이 통일인지 정복이었는지는 굳이 더 이상 말할 필요가 없어진다. 누르하치와 만주족이 한족을 어떻게 생각하고 있었는지도 또한 명확해진다. 잠깐, 여기서 그냥 지나친다면 역사를 단순한 지식으로 익히는 것이다. 역사는 머리가 아닌 가슴으로 풀어야 비로소 제맛을 느낄 수 있는 것이다. 말갈족이 누구였던가? 바로 고구려와 발해의 백성이었다. 그들은 그 후 금과 청을 차례로 세워 동아시아 대륙을 지배했었다. 역사에는 가정이 없다지만 만약 고구려가 한족의 당(唐)에게 망하지 않았다면 세계 역사는 완전히 달라졌을 것이다.

역사가 말하듯 만주족은 한족과 전혀 다른 갈래다. 우선 언어가 달랐다. 누르하치의 아들인 2대 황제 홍타이지(태종) 때는 몽골문자를 빌려 자신들의 글자까지 만들어 썼다. 중국 땅을 차지한 후에는 한족의 반만 감정을 해소시키기 위해 회유와 강압을 병행하면서 다스렸다. 관리 등용에 한족과 만주인을 병행하였으나 의사결정은 만주인이 하도록 하였고, 금서령과 결사금지 등 사상통제도 강화하였다. 한족과 동류의식을 가지고 있었다면 생각할 수 없는 접근이었다.

그러나 결과적으로 누르하치만큼 한족의 역사에 기여한 사람도 없다. 그들이 내세우는 공자, 마오쩌둥, 덩샤오핑 등 그 누구보다도 한족에게 엄청난 은혜를 베푼 사람이다. 지금까지 중국 땅에 나라를 연 그 어느 민족도 만주족을 제외하고는 타이완이나 티베트, 신장, 몽골, 만주를 모두 완전하게 차지한 적이 없다. 그런데 역사란 참으로 묘한 것이어서 만주족이 인구가 수십만에 불과하다 보니 세월이 지나면서 자신들이 지배하던 한족에게 동화되고

누르하치 석상

말았다. 그 결과 한족이 청을 대체한 중국의 주인이 됨으로써 넓은 땅을 고스란히 물려받게 되었다. 이제 한족은 과거 청의 깃발 아래 있던 모든 소수민족의 역사와 자원들도 모두 자신들의 것이라고 말하고 있다. 누르하치의 눈으로 보면 만주족이 살신성인하여 한족에게 동아시아 대부분을 바친 꼴이 되었다. 그가 지하에서 이 사실을 안다면 땅을 치고 통곡할 일이다.

오늘날 한족의 역사 탐욕은 끝이 없다. 이제까지 듣지도 보지도

못 한 새로운 민족의 개념까지 창조하고 있다. 이른바 '중화민족'이다. 한족과 소수민족 모두가 '중화민족'이라는 것이다. 미국 국적을 가진 미국인들을 미국민족이라 하고 지구촌 사람들을 지구민족이라고 부르는 것과 다를 바 없다. 이런 왜곡된 민족주의의 광풍이 아직까지 중국에 동화되기를 거부하고 있는 티베트와 위구르, 내몽골을 선택의 절벽 끝으로 내몰고 있다. 수천 년을 독자적으로 이어온 이들의 운명은 어떻게 될까? 역사의 여신이 너무나 무섭고 냉혹하다.

선양의 젊은이들이 데이트 코스로도 많이 찾는다는 북릉(北陵)공원에 들어서니 찌푸린 하늘에서 비가 부슬부슬 내리기 시작한다. 이곳은 청 태종과 몽골 출신의 황후 부부가 같이 묻혀 있는 곳이다. 면적이 120만 평에 이르는데 베이징의 자금성에 비하여 아늑하고 순박한 것이 한족에 동화되기 전 만주족의 토착적인 향기가 느껴진다. 하지만 이 궁전에는 우리 조상들의 피와 눈물이 배어 있다. 병자호란 때 포로로 삼천여 명이 끌려와 이 궁전을 만드는 데 동원되었기 때문이다. 예나 지금이나 국가 지도자의 판단 하나가 국민의 안위를 좌우한다.

공원의 끝 부분에 청 태종 부부의 커다란 무덤이 있다. 그런데 봉분이 하얀 시멘트로 뒤덮여 있는 것이 아닌가? 이유인즉, 도굴을 막기 위해서란다. 그런데 놀랍게도 커다란 뽕나무 한 그루가 봉분 한가운데를 뚫고 올라와 버티고 서 있다. 쏟아지는 일행들의

103

질문에 가이드가 준비된 답변을 한다. 뽕나무를 뽑으면 기(氣)가 빠지기 때문에 그대로 나무를 키우고 있다는 것이다.

풍수나 기에 관한 한 중국 사람들은 세계에서 둘째가라면 서러워할 전문가일 터다. 왠지 일제가 북한산에 쇠말뚝을 박던 모습이 떠오른다. 중국을 정복한 만주족의 끝은 너무나 비극적이다. 위대한 조상에 못난 후손! 옷깃을 적시는 비는 청 태종의 눈물인가 보다.

이런 역사의 비극은 결코 우리에게 강 건너 불 보듯 할 일이 아니다. 최근 중국의 과학원에서 동북공정(東北工程) 프로젝트를 수행하고 있다. 3조 원을 투자하여 고구려를 중국의 지방 정부로 만들려는 것이다. 동서남북으로 영토분쟁과 민족분쟁에 시달리고

청 태종 부부 무덤 앞에서

있는 중국은 1980년대부터 수천 년을 내려오던 전통적인 역사관을 바꾸었다. 한(漢)족 중심에서 영토 중심으로 전환한 것이다. 그에 따라 현재의 영토 안에서 일어난 역사는 한족이 아니더라도 모두 중국의 것이라고 강변하고 있다.

그 맥락에서 이미 발해는 중국 동북 3성의 역사책에 자국의 지방 정부로 기록되어 있다. 이제 고구려 역사를 빼앗는 작업에 돌입한 것이다. 그들로서는 남북통일 후 있을 수 있는 영토분쟁의 소지를 사전에 뿌리째 뽑아 버리려는 속셈일 것이다. 돈 벌어 잘 살아 보려는 중국 민초들이야 이런 것에 별 관심이 없을 것이다. 그러나 위정자들은 다르다. 장기적이고 전략적 사고로 접근하는 중국이 두렵고 또한 부럽기도 하다.

우리에게서 고구려가 사라진다면 신라부터 시작되어야 하는 우리 역사는 어떻게 되는가? 북한이 고구려의 영역이었으므로 중국 땅이라고 한다면 어찌할 것인가? 해도 너무 한다. 붉은 모란이 내뿜는 향기가 너무나 독하다. 다른 꽃들이 함께 살아갈 수가 없다. 반으로 잘려진 진달래는 가슴앓이를 할 뿐이다.

만주 환인

그대는
신기루인가

● 선양에서 고구려의 첫 도읍지인 졸본,
즉 환인까지는 버스로 네 시간이 넘게 걸린다. 새벽 다섯 시에 일
어나 부랴부랴 식사를 하고 버스에 올랐다. 그래도 고구려의 품에
안길 수 있다는 사실이 즐겁기만 하였다. 졸본으로 가는 중국의
국도는 한반도를 향해 동쪽으로 뻗어 있다. 편도 1차선 포장도로
지만 산악 지역을 빼고는 당장 2차선으로 바꾸어도 될 만큼 갓길
이 넓다. 경운기나 자전거가 마음 놓고 달릴 수 있을 정도다.

벼가 누렇게 익어 가는 논을 보며 두 시간 정도 달리니 주변에
나지막한 산들이 서서히 나타나기 시작한다. 가이드의 권유대로
차에서 내려 논을 향해 시원하게 볼일을 보면서 한마디씩 한다.

"풍년이 될 거다."

"자연보호 하자, 벌타 1점이다."

"몰카를 찍자."

선양과 달리 이곳은 올망졸망한 산들에 허름한 벽돌집이 드문드문 있는 풍광이 우리네와 비슷하다.

만주평야는 비옥하고 넓지만 아직도 농업이 기계화 되지 않았다. 그렇다고 정부가 기계화를 서두르지도 않는다. 만약 기계화가 되면 9억의 농민 중 80% 정도가 도시로 한꺼번에 쏟아져 들어와 큰 사회문제가 될 것을 우려하기 때문이란다. 그런데도 이미 중국 농산물이 우리나라를 휩쓸고 있으니 앞으로 우리 농민이 설 자리가 어디일까? 산에는 키가 작은 나무들이 듬성듬성 있다. 덩샤오핑 때부터 민둥산 녹화사업을 시작하여 이십여 년밖에 지나지 않아 아직 다 크지 않은 까닭이다. 지금도 공휴일은 아니지만 식목일에 국가 주석이 직접 나서 전 국민 한 그루 심기 운동을 한다고 한다.

누르하치의 고향인 영릉에서 국도를 벗어나 오른쪽으로 접어드니 환인이다. 환인에는 조선족이 만 명 정도 살고 있다. 장구 치는 여자 동상이 있는 민족로라는 큰 길 양편으로 고려옥, 금강산식당과 같은 낯익은 간판이 반긴다. 그런데 이상한 일이다. 환인에 들어서자 여느 도시와 다른 독특하고도 강한 기운이 느껴진다. 마치 내공이 깊은 무술의 달인이나 마음을 갈고 닦은 선승이 풍기는 아우라가 이러할까? 은은하게 풍기는 힘과 신비로운 느낌! 비단 나

만이 아니었다. 일행 대부분이 비슷한 느낌을 받았다고 토로한다.

예사롭지 않은 이 기운은 어디에서 기인하는 것일까? 우선 낮지도 않고 지나치게 높지도 않은 산들이 멀리 도시 전체를 병풍처럼 아늑하게 둘러싸고 있다. 그 가운데를 백두산에서 발원한 비류수(혼강)가 유유히 흐르며 넉넉한 풍요를 실어 나르고 있다. 고개를 들면 제주의 성산 일출봉과 비슷한 모습의 오녀산성이 수호신처럼 우뚝 서서 시내를 그윽하게 내려다보고 있다. 풍수에 문외한인 나의 눈에도 과연 칠백 년 제국의 문을 연 첫 도읍지답다는 생각이 든다.

오녀산성

109

조선족이 운영하는 식당에서 먹는 점심 식사는 너무나 즐겁고 맛있다. 우리네 집에서 먹는 것과 똑같은 음식도 음식이지만 자연스레 밥상 위에 오른 고구려 건국신화 이야기가 한결 맛과 흥취를 돋운다. 이곳저곳에서 "주몽을 위하여!" "고구려를 위하여!" 건배가 힘차게 이어진다. 하긴 고구려의 건국 스토리는 우리 역사상 어느 건국 신화보다 구체적이고 다이내믹하다. 들을수록 힘이 솟게 만드는 그 이야기를 다시 한 번 떠올려 본다.

고구려와 주몽

고구려를 세운 동명성왕 고주몽은 천제의 아들인 해모수와 물의 신 하백의 맏딸인 유화라는 여인 사이에서 태어났다. 어느 날 유화는 두 명의 여동생과 함께 시냇가에서 놀고 있었다. 이때 해모수가 옆구리에 술병을 끼고 나타나 세 자매에게 술을 권했다. 둘째와 셋째는 무서워서 도망갔으나 유화는 술을 받아 마시고 취하여 몸을 허락하였다. 성스러운 건국신화부터 술이 등장할 정도니 오늘날 우리 사회에서 폭탄주가 곧잘 애용되는 것도 우연이 아니다.

그 후 태기가 있게 된 유화는 동부여왕 금와에게 몸을 의탁하여 주몽을 낳았는데 처음에는 큰 알이었다. 얼마 후 알을 깨고 나온 주몽은 일곱 살부터 활을 잘 쏘고 용맹하였다. 그의 뛰어남에 두려움을 느낀 부여의 왕자들은 끊임없이 그를 제거하려 하였다. 생명의 위협을 느낀 주몽은 유화 부인과 상의한 후 기회를 노리다가 날랜 말을 골라 타고 세 명의 친구와 함께 탈출을 시도했다. 어머니 유화 부인과 임신 중인 부인을 남겨 두고 떠나는 발길이 얼마나 무거웠으랴. 이를 안 왕자 대소가 기마병을 이끌고 추격하였으나 물고기와 자라의 도움으로 비류수를 건너 졸본에 이르렀다. 그때 그곳에는 구려라는 나라가 있었는데, 주몽은 이곳의 공주와 결혼하고 새로 고구려를 세웠다. 그의 나이 22세였다. 그 후 주위의 나라들을 차례로 합쳐 부여가 쉽게 넘볼 수 없는 강국으로 만들었다.

식사를 마치고 농촌 지역으로 나와 비류수를 건너기 위해 나룻배를 탔다. 비류수는 폭이 제일 넓은 곳이 400미터가 될 만큼 제법 큰 강이지만 우리가 건너는 곳은 소리를 지르면 강 맞은편에서 들릴 정도로 좁다. 배는 삐거덕거릴 정도로 낡았으나 늙은 중국 뱃사공은 익숙한 자세로 노를 저어 물살을 가른다. 이십대의 젊은 나이에 목숨을 걸고 이 강을 건너던 주몽도 이런 배를 탔을까? 비류수를 건넌 후 안도의 한숨을 돌리고 큰 활을 둘러멘 채 말을 달리는 청년 주몽의 모습이 강물에 어른거리는 것 같다.

문득 같이 배에 탄 동료 하나가 자신의 고향이 충남 부여라며 낙화암이 생각난단다. 그렇구나! 시간은 수천 년이 흘렀지만 우리 조상의 삶의 궤적은 뚜렷하게 서로 연결성을 갖는다. 부여가 고구려가 되고 고구려에서 남부여, 즉 백제가 갈라져 나온다. 백제가 서울을 부여라 이름 붙인 것도 두고 온 고향인 대륙을 향한 그리움과 염원을 나타냈던 것이리라. 내 마음이 맑은 비류수에 흠뻑 적셔진다.

111

↑ 비류수 ↓ 고구려 성(환도산성)

배에서 내려 농가 몇 채가 있는 시골길을 한참 걸어가니 고구려 묘 하나가 이천 년 세월을 품고 있다. 주위가 산으로 아늑하게 둘러싸여 있고 비류수가 한눈에 내려다보이는 곳에 우뚝 솟아 있어 한눈에 보아도 명당 중의 명당이다. 이름 하여 장군묘인데 크기가 조선 시대 왕의 무덤만 하다. 그러나 누구의 것인지는 아직까지 밝혀지지 않고 있다. 중국 사람들이 6년 전에 발굴하여 조사하고는 '고구려 시대 무덤이기는 하나 적어도 주몽의 무덤은 아니다.'라는 결론만 내리고 다시 덮어 버렸단다.

졸본이 고구려의 서울이었던 시기는 단지 동명성왕 때뿐이다. 2대 유리왕부터는 국내성이었다. 그렇다면 졸본 땅 이만한 명당에 이 정도 큰 규모로 만들어진 묘에 묻힐 수 있는 사람이 주몽 말고 또 누가 있을 수 있을까? 최소한 주몽이 아니라면 고구려가 거국적으로 받들 만한 사람임에는 틀림이 없을 것이다.

중국 정부는 이 묘를 발굴하면서 한국의 어떤 학자도 접근을 허용하지 않았다. 발굴 후 내부를 공개하지도 않았다. 현재 제대로 벌초도 되지 않아 잡풀이 무성하고 묘 앞에 간자체로 '장군묘'라고 새겨진 하얀 비석만 낯설게 서 있을 뿐이다. 그나마 북릉의 청태종처럼 봉분이 하얀 시멘트로 덮이지 않은 것만 해도 다행이다.

무거운 발걸음을 돌려 나룻배에 다시 오르려는데 수석에 조예가 깊은 한 동료가 탁구공만한 돌을 손에 들려준다. 강가에서 삼십 분을 뒤져 힘들게 주운 것이란다. 표면에 고구려 벽화에서 많이 보아 왔던 물결무늬가 있는 것이 정감이 간다. 파워포인트를 쓸 때 내가 애용하는 바탕화면 디자인이기도 하다. 그래, 주몽이 못난 후손에게 주는 선물이라고 생각하고 집으로 가지고 가자. 이 돌을 볼 때마다 비류수가 내 마음에 흘러들겠지.

고구려의 성(城)은 랴오닝성에만도 원래 100여 개가 있었다. 고구려의 다른 성처럼 이들도 모두 평지성과 산성의 이중구조로 되어 있다. 평시에는 주민들이 평지성에서 생업에 종사하다가 적이 쳐들어 오면 배산임수의 산성으로 옮겨 전투를 하였다. 오녀산성은 졸본성의 산성인데 생긴 모습도 범상치 않거니와 지질구조가 특이하다.

옛날에 화산이 분출하여 이 지역이 생성되었을 때 산성을 제외한 다른 부분이 모두 내려앉아 지금은 오히려 오녀산성이 평지 위에 솟아 있는 것처럼 보인다. 높이가 팔백여 미터 정도로 올라가는 길이 험하고 사람 하나가 겨우 다닐 수 있을 정도로 좁다고 한다. 그러나 일단 오녀산성에 오르면 넓은 평지가 펼쳐지고 물이 풍부하여 어떤 외적도 오랫동안 충분히 막아낼 수 있는 천혜의 요새란다. 전황이 여의치 않을 때 산성에 들어가 결사 항전하는 조상들의 용맹한 모습이 눈에 선하다.

요즘 오녀산성은 중국 정부가 유네스코에 세계문화유산 지정을 신청한 상태라 출입이 되지 않는다. 산성을 보다 가까이 보기 위해서는 비류수를 막은 환인댐 호수에서 유람선을 타는 수밖에 없

하고성자 (↑초등학교 돌담이 되어 버린 하고성자)

다. 이 댐은 과거 일본이 홍수에 대비하고 전기를 만들기 위해 만
들었는데, 그때 고구려의 신비도 많은 부분 물속에 함께 잠겼다.
싸늘한 바람이 얼굴을 스친다.

상고성자(上古城子)와 하고성자(下古城子)를 보고 나서는 기가 막힌
다는 말밖에 할 수가 없었다. 상고성자는 졸본의 평지성에 있던 평
민의 무덤이다. 삼십여 년 전 50여 기가 있었는데 지금 남아 있는
것은 30여 기에 불과하다. 그나마 번호를 붙여 관리하는 무덤은 단
지 4개로 나머지는 농부들이 밭으로 사용하여 사라져 가고 있다.
하고성자는 평지성으로 고구려에서는 흔치 않은 토성이다. 지금
은 성터는 다 없어지고 허름한 농가 옆에 하고성자라고 쓴 돌비석

115

만 초라하게 서 있다. 동료 몇몇이 기껏 이런 것을 보기 위해 여기까지 왔냐고 볼멘소리를 한다.

그러나 만리장성과 같은 화려한 것만 볼만한 유적인가? 훌륭한 조상만 조상이 아니다. 초췌한 모습의 부모도 분명 우리가 기리고 사랑해야 할 어버이임에 틀림이 없다. 더구나 위대한 선조가 오늘날 요 모양 요 꼴이 된 것은 따지고 보면 그 후손인 우리들이 못나고 무심해서가 아닌가? 지금은 초등학교 돌담이 되어 버린 하고성자를 보며 정말 이곳에 오기를 잘했다는 생각이 들었다. 바로 이런 모습이야말로 살아 있는 우리의 역사요, 오늘을 헤쳐갈 수 있는 지혜와 힘의 원천이 될 수 있기 때문이다.

우리 역사가 훼손되고 있는 것은 환인뿐만이 아니다. 고구려 유적이 가장 많은 집안(集安)시도 사정이 크게 다르지 않다. 얼마 전 유네스코가 세계문화유산으로 지정하려 했으나 중국의 심사 거부

훼손된 고구려 유적

로 좌절되었다. 지금은 '세계문화유산 지정 중'이라는 명목으로 중국 학자들 외에는 출입금지다.

고구려는 한민족이라면 누구나 자랑스러워하는 우리의 역사이고 세계적으로도 보호되어야 할 값진 문화유산이다. 그러나 만주에서 본 것은 그 후손인 우리가 무시되고 배제된 채 남의 손에 의해 철저히 훼손당하고 사라져 가는 초라한 몇 점의 유적들뿐이었다. 더욱 갑갑한 일은 그런 섬뜩한 기도가 점점 더 본격화되고 노골화된다는 것이다. 그런데도 정부 차원에서 말 한마디 내놓고 할 수 없는 것이 분단국인 우리의 형편이다.

그렇다고 고구려 유적을 보호하기 위한 기금을 마련한다거나 시민운동이 있었다는 소리도 들어보지 못했다. 무조건 한민족이 최고라거나 새로 만주를 회복하자는 국수주의를 말하려는 것은 물론 아니다. 우리의 조상과 역사를 정당하게 지키자는 것뿐이다. 정체성과 녹자성을 바탕으로 지구촌의 일원으로 다른 민족과 함께 어울리고 싶은 것이다.

그러나 이런 당연한 주장도 쉽게 하지 못하고 속을 앓아야 하는 우리의 처지가 서글프다. 이런 문제에 대해 별달리 고민하는 것 같지 않은 우리 사회의 무심함도 안타깝다. 여행은 항시 즐거운 것이거늘 사랑하는 고구려가 왜곡과 망각의 칼날에 찢기어 힘차고 화려한 모습을 잃어 가는 것 같아 가슴이 아프다.

고구려는 정녕 우리가 다가갈 수 없는 신기루인가!

117

하늘을 품은
하늘못

가장 먼저 새벽을 여는 동북아시아의 지붕

비가 오나 눈이 오나 반만년 배달겨레를 보듬어 준

생명의 원천이자 두고 온 마음의 고향

터질 듯한 기개와 꿈이 용솟음치는

영원한 사랑 백두산.

하늘 아래 두 날개를 펼치니

왼쪽은 압록이요 오른쪽은 두만이라.

아래로 백두대간 힘 있게 뽑아내어

금강불괴(金鋼不壞) 한반도를 빚어내고

위로는 토문을 뻗어 내어 쑹화와 헤이룽을 이루어

드넓은 만주와 시베리아를 품에 안고서
굳건한 눈빛으로 랴오허를 넘어 중국을 굽어본다.

일찍이 이곳에 단군 성조가
널리 사람을 이롭게 하기 위하여 나라를 열고
고구려와 발해가 대륙에 천년 깃발을 드높이 휘날렸다.
이 후 그들의 백성이던 여진에서 아구타가 나타나
금을 세워 황하 유역의 북부 중국까지 평정하더니
끝내는 팔기병(八旗兵)을 휘몰아쳐
비대한 중국을 무릎 꿇리고
타이완, 티베트, 몽골까지 아우르며 아시아를 호령하니
몽골리아 동이족의 융성이
백두, 그대의 기상과 지혜에서 비롯되었구나.

여진은 대륙의 주인이 된 후 자신들이 발원한 성지라 하여
뭇사람들의 출입을 금하고
제사도 만주 장춘에 소백산을 따로 만들어 지내면서
이 땅에서 나는 불로초 산삼과 꽃사슴의 녹용, 반달곰의 웅담은
오직 황제만이 취하였다.
그러나 이곳이 어떤 땅이던가?
고산준령으로 인위적 국경을 그을래야 그을 수 없고
두만이 이름은 강이로되 시냇물처럼 폭이 좁은 곳이 많아

일찍이 이곳에 단군 성조가
널리 사람을 이롭게 하기 위하여 나라를 열고
고구려와 발해가 대륙에 천년 깃발을 드높이 휘날렸다.
이 후 그들의 백성이던 여진에서 아구타가 나타나
금을 세워 황하 유역의 북부 중국까지 평정하더니
끝내는 팔기병(八旗兵)을 휘몰아쳐
비대한 중국을 무릎 꿇리고
타이완, 티베트, 몽골까지 아우르며 아시아를 호령하니
몽골리아 동이족의 융성이
백두, 그대의 기상과 지혜에서 비롯되었구나.

앞은 조선 뒤는 중국. 백두산을 가르는 중국과 북한 경계비

역사 이래 만주와 한반도를 아랫마을 윗마을처럼 넘나들며
사람들이 함께 섞여 살던 곳이 아니던가?
가뭄이 심하고 정치가 불안할 때
조선인들이 금지된 땅에 하나둘씩 숨어들어
피와 땀과 눈물로 황무지를 옥토로 일구어 내니
옛날의 간도요 오늘의 연변이라
그대가 우리 겨레에 베푸는 사랑은 끝이 없구나.

백두를 보고자 가까운 북녘 길을 두고
바다 건너 먼 길을 돌아 허위허위 달려왔건만
찌푸린 하늘과 짙은 안개구름이 웬 말인가.
오대산보다도 높은 중간 지점에서 버스를 내려
벤츠 지프차로 바꿔 타고 천지를 향해 오르는데
길을 만들다가 열여섯 명이나 죽었다는 깎아지른 좁은 절벽 길을
반대 차선 요리조리 넘나들고, 굽이 돌 땐 구름 속으로
성난 코뿔소처럼 내달린다.
누가 중국인을 만만디라 했던가?
백두산에 내리 꽂히는 번개도 이보다 빠르지 못하리라.
그래도 천지만은 보게 해달라고 기도를 하며
낯선 기사에게 생명을 맡긴 채 얼마를 달렸을까?
깊은 물속에 잠수하였다가 물 위로 솟구친 것처럼
문득 주위를 가득히 감싸던 구름이 발 아래로 사라지고

백두산 천지

123

눈부시게 맑은 햇살이 온 누리에 쏟아지니
보라! 구름을 땅 삼아 그 위에 장엄하게 펼쳐진 백두의 비경을.
별천지가 바로 여기에 있지 않은가!
이곳에 오르고도 천지를 못 보고 가는 사람이 천지라는데
벅차오르는 감격에 하늘을 나를 듯하다.
높이 2500미터부터는 차가 더 이상 갈 수가 없다.
걸어 오르는 것이 예의이기도 하리라.

고개 들어 산 정상을 올려다보니
회색 빛 화산이 푸른 하늘을 머리에 이고 맞닿아 있다.
저 곳이 땅의 맨 위인가? 하늘의 아래 끝인가?
잠시 고산 증세로 머리가 어지럽고 다리가 휘청거린다.
〈대동여지도〉를 그린 김정호는 백두산 호랑이가 포효하던 이 길을
자동차도 없는 그 옛날에 몇 번이나 오르내렸을까?
호흡을 가다듬고 두 발과 두 손으로 달리 듯 기어오른다.

드디어 정상이구나 싶어 허리 펴고 고개를 드니
지상의 어떤 색조로도 그려낼 수 없는 맑고 푸른 세계가
한꺼번에 시야에 가득히 쏟아져 들어온다.
오! 천지!
하늘이 활짝 열려 있었다.
하늘나라가 있다면 바로 이곳이 그 비밀의 문이 아닐까?

한순간에 나는 천지가 되고 천지는 내가 되었으니
도저히 인간의 말로는 표현할 수 없는 비경이다.
맞은편에 화산활동으로 생성된 하얀 바위 병풍이
만년설의 신비한 미소를 머금고
왼쪽에 백두의 최고봉인 북한의 장군봉이 하늘을 받치고 있는데
오른쪽 달문이 수줍은 듯 봉우리 사이에 숨어서
하늘의 물을 인간세계로 내려보내고 있다.
그 가운데에 모든 번뇌를 사라지게 하는 비취 빛 바다가
그림 같은 하얀 구름과 벗하여
속세의 찌든 삶을 태고의 침묵으로 굽어보고 있으니
오! 인간세상의 말로 어찌 이를 표현할 수 있겠는가!

함께 갔던 일행 모두의 마음을 하나로 모아 간단한 산신제를 지내고
내려오는 걸음이 날듯이 가볍다.
비로소 알 수 있을 것 같다.
좁은 땅에 숫자도 많지 않은 민족이
어찌 그렇게 오랜 세월을 꿋꿋 버텨낼 수 있었는지를
백두가 있는 한 우리 민족의 앞날이 영원히 빛날 것이라는
뜨거운 확신이 가슴속에서 무지개처럼 솟아오른다.
이제 백두는 나의 고향.
나는 백두산에 뿌리박은 한 그루 나무.

백두산 천지에서
올리는 제문

한울님이시여!

영겁의 세월이 흐르고 흘러 단기 4336년 9월 6일
대한민국 중앙공무원교육원의 고위정책과정 제 11기 일동은
민족의 성산 백두산 천지에 올랐습니다.

마음은 바로 이웃이나 쉽게 올 수 없는 머나먼 길을
위대한 선조 동명성왕 고주몽의 빛나는 넋을 따라
허위허위 달려와
당신의 품에 눈물 가득 안겼습니다.

하늘의 연못 천지시여!
민족의 영산 백두산이시여!
사방으로 한반도, 만주 대륙, 시베리아와
동해, 서해를 두루 굽어보며
당신의 넓고 깊은 가슴에
반만년 영혼을 흘려보냅니다.

배달겨레 생명의 원천인 천지시여!
하늘에 떠 있는 무한의 힘으로
한반도와 만주에 평화와 번영의 축복을 내려 주소서
갈등을 넘어 화합을 이루고
증오를 건너 사랑을 안으며
어리석음을 버리고 지혜와 용기를 담을 수 있도록 하여 주소서.

오늘 우리들의 뜨거운 마음을 받아 주시어
천년제국 고구려와 발해의 빛을 더욱 밝혀 주시고
그 길을 등불 삼아 나아가는 겨레의 앞날을
영원히 지켜 주소서.

만주 연변

연변에서
부르는 노래

● 　　　　　　　　천지의 물은 중국말로 통천하(通天河)라 부르는 달문을 통해 흘러내린다. 이름하여 장백폭포인데 수십 미터의 폭포수가 두 갈래로 내려오다가 중간에서 세 개로 나뉘어 하얀 물보라를 일으키며 내리꽂힌다. 마치 흰 용이 갈퀴를 휘날리며 하강하는 것처럼 가히 장관이다.

폭포 밑 물가 여기저기에 사람들이 하나둘 정성스레 쌓아 놓은 돌탑들이 널려 있다. 아무리 공산주의 사회지만 역시 인간은 대자연 앞에서 작아지고 겸손해지나 보다. 수많은 중국 사람들이 흐르는 물에 얼굴을 씻고 발을 담그고 있다. 아무리 둘러보아도 한국인은 우리 일행뿐이다.

이 물이 어디로 흘러가는가? 우리 해석으로는 토문을 거쳐 쑹화와 헤이룽을 지나 동해에 이른다고 본다. 이렇게 되면 백두산 정계비의 동위토문(東爲土門)에 의해 토문강 동쪽에 있는 간도, 즉 지금의 연변은 우리 땅이 된다. 하지만 중국 주장대로 토문은 두만의 다른 이름일 뿐이라고 한다면 우리 무대는 당연히 좁은 반도에 국한된다. 조선조 말에 당사자인 우리를 따돌린 채 일본과 중국이 밀약을 맺어 간도는 중국 측 해석대로 그네들 땅이 되었다.

가이드는 그 사정을 아는지 모르는지 천지의 물이 땅속으로 도망하였다가 다시 솟아나 강이 되었기 때문에 도망강, 즉 토문 또는 두만으로 불리게 되었다고 설명한다. 웃어야 되나 울어야 되나?

백두산에 오르는 길은 중국과 북한에 각각 두 개씩 있는데 중국에서 전문 등산이 아닌 관광 길로는 하늘 아래 첫 동네인 이도백하에서 시작된다. 멀리서 장백폭포를 바라보면 두 갈래의 하얀 강처럼 보인다 하여 '이도백하'라 하였다는데 연변 조선족 자치주의 여덟 개 현 중 하나인 안도현에 속한 도시다.

통화에서 여섯 시간을 달려온 야간열차에서 내리니 새카맣게 탄 얼굴의 농부들이 투박한 이북 말씨로 산삼 한 뿌리를 사라며 새벽을 깨운다. 가격은 5만 원. 우리가 역 앞에 기다리고 있던 버스에 오르자마자 천 원에 가져가라고 아우성을 친다.

순도 100%의 유황 온천이라는 백두산 온천물로 피로를 풀고 들

장백폭포

기만 해도 정겨운 이름인 고려식당에서 점심을 먹는데 인절미와
상추, 씨암탉과 고사리가 어릴 적 시골에서 먹던 맛 그대로다.

　달리는 버스 창 너머로 한글 간판이 곳곳에 보인다.
　"민중 중심으로 사스를 배격하여 애로를 박차고 발전을 촉진하자"
　빨간 글씨로 쓴 북한식 표현이 해학적으로 느껴진다.
　차 실내가 조용해지자 조선족 여자 가이드가 마이크를 잡는다.
30대 후반인데 연변대학을 졸업하고 공산당에 가입한, 말하자면
중국 전체 인구의 4%에 불과한 잘나가는 여자 엘리트다. 말에도
나름대로 논리가 있고 자신의 경험을 깔고 있어서 울림이 있다.

　전 세계에 퍼져 있는 우리 해외 교포는 약 560만 명인데 이 중
중국에 216만 명이 살고 있다. 이것은 연변에 사는 80만 명을 포함

한 숫자이다. 이들에게 '고향이 어디냐'고 묻는다면 대답하기 어렵단다. 자신만 해도 본인은 연변이지만 아버지는 함북이며 할아버지가 전남 남원이다. 조선족 3세로서 국가와 민족 사이에서 갈등을 느끼며 살아가는데 '당신은 한국 사람입니까?' 라고 물으면 '아니, 중국인입니다.' 라고 답을 한단다. '그럼, 한국 사람 아닙니까?' 라고 다시 물으면, 그때는 '조선족입니다.' 라고 대답한단다.

그러나 섭섭하게 생각하지 말란다. 자신들은 중국 사람이라도 미국과 일본의 교포와는 다르게 우리말을 이민 4세까지도 잘하고, 아무리 어려워도 정든 가족을 고향에 두고 눈물을 흘리며 이주하여 조국의 독립운동을 치열하게 전개한 조상들에게 부끄럽지 않도록 당당하게 살아가고 있으며, 자녀 교육열도 높아 매년 베이징대학에 오륙 명이 들어가고 아직도 김치와 냉면, 개고기가 3대 요리로 유명할 정도로 정체성을 지켜 내는 중국 내 몇 안 되는 자랑스러운 소수민족이란다.

그들이 정체성을 언제까지 유지할 수 있을까? 연변자치주의 행정 수반은 조선족이지만 실권을 가지고 있는 당 서기장은 물론 한족이다. 중국 정부가 한족의 이주를 장려하는 정책을 시행해서 이미 연변 주민의 과반수가 한족이 되었고 조선족 인구는 자치주 법정기준인 40%가 채 안 되는 38%에 불과하다. 농촌에 사는 처녀들은 신데렐라 꿈을 안고 한국으로 몰려가서 수많은 이곳 총각들이 신부를 구하지 못하고 있다.

그럼에도 정작 한국은 해외동포법상 조선족에게 미국과 일본의 교민과 달리 해외 동포의 지위를 주고 있지 않다. 눈을 부릅뜨고 주시하는 중국의 눈치를 보고 있기 때문이다.

얼굴이 발갛게 상기되어 열변을 토하는 그녀의 말이 끝나자 우리 모두는 일제히 격려의 박수를 쳤다.

김좌진 장군의 영혼이 숨 쉬는 청산리 터를 지나 한참을 달리니 우리의 옛날 초가집 촌이 보인다. 중국에서 맛있는 쌀을 생산하는 동북 3성 중에서도 최고라는 평강평야다. 선조들이 당시 황무지를 개간하여 논을 만들고 해란강의 물을 끌어대 남쪽 고향에서 가져온 볍씨를 뿌려 개척한 곳이다. 그러나 지금은 초가집 없애기 운동을 하고 있단다. 머지않아 이곳도 중국의 다른 지방처럼 건조한 뻘건 벽돌집으로 채워지고 말리라.

용정에 가까워 오자 멀리 일송정의 유래가 된 소나무가 보인다. 물론 당시 바위 위의 소나무와 용주사는 문화혁명 때 사라지고 지금 있는 소나무는 뜻있는 우리나라 사람이 나무가 죽을 때마다 똑같은 장소에 새로 옮겨 심은 것이라니 그 고귀한 뜻에 길손은 부끄러울 뿐이다.

용정이 어떤 곳인가? 멀리는 발해의 중심지였고 1877년 함경북도의 김언삼이 14가구를 이끌고 이곳으로 이주하여 해란강가에 살다가 우물을 발견한 이래 용정(龍井)으로 불렸는데, 일제 시대 독립운동의 요람으로 후쿠오카 형무소에서 비참하게 살해된 민족시

용정

윤동주 생가와 대성중학교 안에 세워진 시비

인 윤동주의 시비가 있는 대성중학교가 있다.

우리는 저마다 기부금을 내고 윤동주의 시비 앞에서 그의 넋과 함께 사진을 찍는다. '죽는 날까지 하늘을 우러러 한 점 부끄러움이 없기를……' 언제나 이 대목에선 옷깃이 여미어진다.

돌아오는 차 안은 주위에 깃드는 어둠과 함께 침묵 속으로 빠져든다. 연변은 여행의 즐거움만을 만끽하며 가볍게 보고 가는 곳이 아니다. 조선 시대 개척자들의 신대륙이요 암울하던 일제 치하 독립운동의 산실이다. 지금은 비록 국적은 다를지언정 같은 피를 나눈 동포의 땅이다. 지금까지 한마디 말도 못 한 채 남의 손에 국경이 결정된 뼈아픈 역사의 현장이다. 어찌 나그네의 가벼운 정취만으로 이 땅을 대할 수 있겠는가!

누가 먼저랄 것도 없이 선구자 노래를 합창한다. 험난한 시대를 뜨거운 가슴으로 몸부림치며 살았던 선조들의 고향 연변 땅에서 부르는 선구자 노래는 목이 메고 눈물을 흘리게 한다.

만주 연변

훈춘의 개야,
짖어라

●　　　　　　　돌아온 고향 같은 연길에서 하룻밤을
지내고 발해 유적과 두만강을 보기 위해 아침 일찍 다시 북으로
달렸다. 발해의 발자취를 입체적으로 살펴볼 수 있도록 발해사를
전공한 연변 대학의 방학봉 교수도 동행하였다.

　오른쪽에 두만강이 흐르고 그 건너에 북한 땅이 시골의 폐교처
럼 을씨년스럽다. 한참을 올라가니 북한의 김일성 선전탑이 우뚝
서 있다. 일제 시대 두만강을 건너 일본 파출소를 습격한 것을 기
념하는 탑이다.

　이곳의 두만강은 말이 강이지 시골의 시냇물처럼 폭이 좁다. 김
일성이 일본 파출소를 습격했다면 습격한 그 자체는 몰라도 강을

두만강을 사이에 둔 북한과 중국(겨울 풍경)

건넜다는 대목은 과장되어 보인다. 지금도 북한군이 수시로 넘어와 물건을 훔쳐 가고 탈북자들이 줄을 잇는 데서 보듯이, 조그만 냇물을 건너 이웃 마을로 가는 것처럼 쉬운 일이었을 테니 말이다.

말하자면 두만강은 지도에서 보는 것처럼 만주 대륙과 한반도를 칼로 두부 자르듯 명확하게 갈라놓는 지형적인 경계선이 아니다. 강을 사이에 두고 말을 하면 소리가 들릴 정도로 아랫마을과 윗마을 사이에 흐르는 조그만 시냇물에 불과한 곳도 많다. 우리 선조는 지금의 두만강, 아니 마을 앞 냇물을 넘나들며 만주와 한반도에 걸쳐 삶을 일구었던 것이다.

그런데 언제부터인지 우리는 두만강이라는 한계선을 마음속에 그어 놓고 조그만 반도에 갇혀 있다. 그것도 모자라 북이 막혀 있다 보니 대륙을 잊은 채 섬나라처럼 살아가고 있다.

이제 두 눈을 크게 뜨고 드넓은 대륙을 바라보자.

연변에 전해 오는 옛말에 '훈춘의 개가 짖는다.' 는 말이 있다. 훈춘 지역이 기후가 좋아 곡식이 잘되기 때문에 곡식 자라는 소리에 개가 놀라 짖어 댄다는 데서 유래한 말이라고 한다. 그 훈춘평야 오른쪽에 러시아의 산을 바라보면 발해 오경(五京) 중 하나인 동경이 자리하던 팔련성터가 있다.

이곳은 발해의 전성기인 5대 선왕 때 상경으로 천도하기 전까지 중요한 북방 전진기지였고 일본과 통하는 국제 교역로이기도 하였다. 방 교수가 큰길가에서 여기저기를 손으로 가리키며 열심히

설명을 하지만, 출입이 금지되어 눈에 보이는 것이라고는 논과 산
뿐이다. 발해의 흔적은 찾아볼 수가 없다. 하기야 중국은 이미 발
해를 자기들의 지방 정부로 교과서에 기록하고 있으니 무엇을 더
기대할 수 있겠는가. 발해의 터전이 지금은 대부분 중국 땅이고
발해의 백성들이 고구려 유민과 훗날의 여진족인 말갈족이었으니
여진족을 한족화한 중국이 이를 놓칠 리 없다.

　그러나 발해는 고구려의 장군이던 대조영이 고구려 유민과 말갈
족을 이끌고 건국한 나라로, 신라와 남북 시대를 이루며 만주와
러시아의 하바롭스크까지 아우르던 대국이었다. 건국 이념 또한

발해국 건물터

141

고구려의 계승이고 집권층이 고구려인이었으며, 멸망할 때 태자 대광현이 고려에 망명하여 태(太) 씨 성(姓)으로 가계를 이은 점을 보더라도 발해는 만주를 경영하던 우리 민족 최후의 국가임에 틀림이 없다. 더욱이 우리와 가장 가까운 핏줄이라 할 수 있는 여진족과 함께 나라를 세운 것은 우리에게 가장 이상적인 민족 구성 모델이라고도 볼 수 있지 않은가.

방 교수에게 발해의 민족 구성에 대해 넌지시 물어보았다. 그러

연변 시내

나 발해를 건국한 주체가 누구인지에 대하여 한국과 중국의 견해가 다르다는 것만 말할 뿐 자신의 의견은 언급을 피한다. 막힘없이 넓은 훈춘평야에서 가슴이 답답해진다.

러시아와 중국, 북한이 서로 국경을 맞대고 있는 권하통상구를 지나니 두만강을 건너는 다리 하나가 나타난다. 중국과 북한이 그 다리를 반으로 나누어 국경으로 삼고 있는 조·중 경계선이다.

다리 건너 북한 지역은 함경북도 온정리로 김일성 사진이 붙어 있고 중국은 붉은색 오성기가 펄럭인다. 산하의 모습은 똑같은데 분위기는 전혀 딴판이다. 북한은 낡은 건물 두어 채가 앙상하게 늘어서 있을 뿐 인적이 없고 들판은 빨간 흙이 바닥을 드러내 보일 정도로 척박해 보인다. 반면 중국은 깨끗한 현대식 건물 안에서 많은 사람들이 상품을 흥정하고 있고 산과 들에는 푸른 나무와 곡식이 풍요롭게 자라고 있다. 그런데도 사진 속의 김일성은 무엇이 그리 좋은지 얼굴 가득히 웃고 있다.

연길의 조선족 사회는 북한과 다르고 또 중국과도 다른 것 같다. 이곳에는 한국 물결이 흘러넘치고 있다. 간판은 대부분 한글로 크게 쓰여 있고 한자 간자체가 그 밑에 조그만 글씨로 병기되어 있으며 간혹 영어도 보인다. 우리와 음식, 노래, 휴대폰을 공유하며 KBS와 SBS TV를 실시간으로 보고 있으니 외국이 아니라 우리나라 지방의 한 도시에서 머무는 느낌이다. 이곳 사람들은 몸은 중

연변 시내에서 가장 큰 재래시장인 서시장

국이로되 정신은 대한민국인 것 같다.

밤거리는 곳곳에 안마청과 단란주점이 늘어서서 관광지답게 흥청거린다. 노래방에서 만난 20대 초반의 아가씨들은 빠른 리듬의 최신 한국 노래를 서울의 또래들과 똑같은 율동과 눈빛으로 익숙하게 부른다. 사람들이 중국의 베이징이나 상하이보다 서울로 안테나를 세워 놓고 젊은 여성들은 서울로 대이동을 하는 실정이라 농촌 지역에서는 처녀 하나를 두고 48명의 총각들이 다퉈야 한다.

이들이 한국에 열중하는 것이 모국이기 때문이라면 좋은 일이다. 그러나 서울의 환락과 돈, 화려한 겉모습에 도취된 것이라면 그래서 조상으로부터 물려받은 내핍·근면의 정신을 잃어버린다면 들끓고 있는 환상과 거품이 꺼질 때 조국 대한민국은 이들에게 커다란 상처를 입히게 된다. 조선 시대 살기 힘들 때 황무지를 개척하고 일제 시대 나라를 찾기 위해 가족을 버리고 고난의 길을 자청한 선구자들의 후손에게 도움을 주지는 못할망정 해를 입혀서야 되겠는가?

그들이 조선족으로서 중국에서 그 어떤 민족도 감히 넘볼 수 없도록 우뚝 설 수 있게 되기를 바란다면 지나친 욕심일까? 진정 연변을 위해 우리가 무엇을 해야 할지 고민해야 할 때다.

너희가 '명림답부'를 아느냐

동북공정은 동북공작(工作)이다

"고구려는 우리 역사다." 우리나라 사람이 한 말이 아니다. 2003년 6월 24일 중국의 공산당 기관지 〈광명일보〉에 실린 주장이다. 2002년 2월부터 중국사회과학원이 수행한 이른바 동북공정(東北工程·東北邊境歷史與現狀系列研究工程) 사업의 결과에 의하면 고구려는 고대 중국의 한 소수민족이 세운 지방정부였다는 것이다.

고구려 역사에 대한 중국의 행보는 정해진 궤도 위를 달리는 기차처럼 거침이 없다. 2004년 7월에는 중국 지린(吉林)성 정부가 나서 '고구려 사람은 결코 조선인이 아니다(高句麗人并非朝鮮人).'라고 선언했다. 고구려 유적이 유네스코의 세계문화유산으로 지정된 뒤 고구려 용담산성에 새로 세운 안내판의 제목이다. 안내판의 제목이 사뭇 직설적이고 도전적이기도 하지만 그 내용이 기막히다.

'문헌과 고고학 자료를 종합한 최신 연구 결과 고구려는 중국 고대 국가인 상(商, 殷이라고도 함, B.C. 1600~1046년)에서 나왔다는 것이 확정됐다.'는 것이다.

고구려가 중국 동북 변방의 소수민족이라는 처음 주장에서 한 발 더 나아가 그 기원 자체가 중국의 한(漢)족이라는 것이다. 그들로서는 내친 김에 아예 못을 박아 버리자는 심산인 것 같다. 이쯤 되면 역사 왜곡의 수준을 넘은 탈취다. 동북공정(工程)이 아니라 동북공작(工作)이다.

고구려가 한족이고 중국 역사라면 어떻게 될까? 말도 안 되는 이야기지만 그런 가설을 적용하면 희한한 결과가 도출된다. 우선 고구려와 핏줄이 연결되어 있는 것으로 기록에 명확히 나와 있는 부여와 백제, 발해가 모두 중국 것이 된다. 고구려의 후예임을 자처한 고려 또한 흔들리게 되고, 결국 남는 것은 고대 고조선과 한반도 동남부 조그마한 신라뿐이다. 반만년 동안 만주 대륙과 한반도를 품에 안고 살아온 우리 역사의 뿌리와 민족의 정체성이 송두리째 뽑히게 되는 것이다.

이렇게 되면 우리가 염원하는 남북통일의 개념 자체가 달라지고 전개 상황도 럭비공처럼 어디로 튈지 예측불허가 될 수 있다. 상상만 해도 소름끼치는 일이다. 그런 점에서 중국의 고구려 역사 도발은 일본의 독도 분쟁 유발과는 차원이 다르다. 독도가 우리의 자존심과 경제적 이해가 걸려 있는 국가 주권의 문제라면 고구려 역사는 우리의 정체성이 걸려 있는 보다 근본적인 사안이다. 사학계 일부에서 중국의 동북공정을 두고 역사전쟁으로 부르는 것이 전혀 틀린 말이 아니다. 고구려 역사를 지키기 위하여 우리는 어떻게 해야 할까?

우리도 역사의 터미네이터가 되어야 한다

영화 〈터미네이터〉에서 미래 인류를 지배하는 로봇군단 스카이 넷은 인류 저항군의 총사령관인 존 코너를 원천적으로 제거하기 위해 킬러

로봇인 터미네이터를 과거 세계로 보낸다. 인류 저항군 또한 어린 시절의 존 코너를 지키기 위하여 다른 터미네이터(아놀드 슈워제너거 분)를 보낸다. 첨단 IT와 특수 유동합금 및 타임머신까지 동원된 영상이 볼 만하지만 이 영화를 처음부터 끝까지 관통하는 키워드는 과거의 어린 존 코너다. 그는 이 영화에서 인류의 미래 희망이요 존재의 뿌리라 할 수 있다. 그가 살아야 미래의 존 코너로 성장하여 인류 저항군을 지휘할 수 있기 때문이다.

오늘날 고구려는 우리에게 있어 영화 〈터미네이터〉의 주인공 존 코너와 같다. 고구려가 사라진 대한민국은 생각할 수가 없다. 그것은 뿌리 없는 나무이며 고향과 부모를 잃어버린 미아와 같기 때문이다. '중국이 저러다 말겠지.' 하는 생각으로 방관해서는 안 될 일이다. 중국이란 큰 시장에 매료되어 당장의 경제적 이익만 우선하는 것도 현명하다 할 수 없다. 국민 모두가 하나 되어 나서야 한다. 고구려를 사랑하고 고구려 역사를 지키는 터미네이터가 되어야 한다.

강태공은 알면서 명림답부는 왜 모르는가?

고구려 제7대 차대왕 때에 '명림답부'라는 지방호족이 있었다. 그는 사람들이 왕의 폭정에 시달리다 못해 거듭 반란을 청하자 군사를 일으켜 차대왕을 쫓아 내고 새로이 신대왕을 옹립하였다. 그의 나이 99세 때의 일이었다. 그 후 그는 당시 최고 관직이던 좌보(左輔)와 우보(右輔)를 합하여 오늘날 국무총리에 해당하는 초대 국상이 되었고 병권까지 장악하여 천하를 손아귀에 쥐게 되었다. 그러나 최고 권력자가 되고 나서도

148

겸손함을 잃지 않아 아래로 백성들에게 덕을 베풀고 위로는 임금을 충심으로 받들었다. 정적을 화합으로 대하여 차대왕의 측근들을 사면하고 아들까지 살려 주었다.

군사전략에도 밝아 중국의 동한이 대군으로 침공하였을 때 모두가 정면 대결을 주장하였으나 그는 수성전과 초토화 작전을 왕에게 건의하였다. 이윽고 동한의 대군이 굶주림과 피곤에 지쳐 퇴각하자 직접 추격전을 벌여 궤멸시켰다. 이것이 이른바 '좌원대첩'인데 당시 그의 나이는 106세였다. 그는 113세가 되는 해 가을에 숨을 거두었는데 신대왕이 직접 빈소를 찾아 슬퍼하고 7일 동안 조회를 중지하였다.

이 정도 인물이라면 중국 주나라의 기초를 닦은 강태공(태공망) 여상(呂尙)과 비견할 만하다. 그런데 이 두 인물을 대하는 우리의 자세는 어떠한가? 인터넷에서 태공망을 검색해 보면 수많은 내용이 있다. 태공망에 대한 역사적 사실부터 그가 썼다는 병법서 《육도삼략》, 우화등선했다는 신비스런 이야기, 그를 주제로 한 만화 《봉신연의》, 낚시 이야기 등에 이르기까지 실로 다양하다.

그런데 '명림답부'를 검색해 보면 《삼국사기》에 전하는 내용이 전부다. 참으로 부끄러운 일이다. 이러고도 과연 우리가 고구려를 진정으로 사랑한다고 말할 수 있는가? 우리 스스로 이렇게 고구려를 방치하는데 어떻게 중국으로부터 고구려를 온전히 지켜 낼 수 있겠는가? 우리의 역사 인식에 대한 근본적인 전환이 있어야 한다. 우리 모두 강력한 역사의 터미네이터가 되지 않으면 안 된다.

역사에서 기록이 부족하고 자료가 없다는 것은 핑계이고 후손들의 직무유기다. 창의성을 발휘한다면 '명림답부' 처럼 훌륭한 역사적 인물의 삶은 얼마든지 매력적인 스토리텔링이 가능하다. 소설, 영화, 게임, 제품 브랜드 개발 등 많은 방법이 있을 것이다. 이런 노력을 통해 고구려 역사를 한층 풍부하게 만들고 우리 생활에 깊숙이 녹아들도록 해야 한다. 그래야 중국이 감히 고구려를 넘보지 못할 것이고 온전히 우리 것이 될 수 있다. 고구려를 세운 고주몽이 지하에서 소리쳐 묻는 것 같다.

"너희가 명림답부를 아느냐?"

삼국지 유감

웬만한 대한민국 남자치고 중국 《삼국지》를 한번 이상 읽지 않은 사람은 없을 것이다. 나 또한 마찬가지로 청소년 시절에 꽤 심취하기도 했다. 그러나 우리 사회에서 《삼국지》가 마치 필수적인 국민 상식이나 되는 것처럼 인식되고, 최근 언론의 《삼국지》 열풍을 보면서 고개를 갸웃거리지 않을 수 없다. 정말 이래도 되는 것일까?

역사소설의 힘

"…나의 이웃집은 미군 장교 접대소가 되어, 매일 한낮부터 술에 취한 군인들이 국적도 알쏭달쏭한 여인들과 희롱하며 드나들고 있었다…. 그 즈음의 일본인은 누구나 패전의 허탈감 속에서 무위한 삶을 살고 있었다…" 일본의 대표적인 대하 역사소설인 《도쿠가와 이에야스》를 쓴 야마오카 소하치가 밝힌 저술 동기의 일부이다. 제2차 세계대전이 끝나자 동남아 종군기자였던 그는 일본으로 돌아와 패전 조국의 참담함과 좌절을 목격한다. 고뇌하던 끝에 창작소설 《도쿠가와 이에야스》를 쓰기 시작한다. 어두움 속에서 갈팡질팡하는 국민에게 힘을 주고 희망을 보여 주고자 함이었다. 그 후 장장 17년에 걸쳐 〈홋카이도〉 신문에 글을 연재하고 이것을 출간하여 1,700만 부의 초대형 베스트셀러를 기록한다.

우리나라에서도 《대망(大望)》으로 번역·출판되어 인기를 끌었는데, 당시 대학생이던 나도 아르바이트로 번 돈을 아껴 이십 권 전집을 모두 샀고 밤잠을 자지 않고 나흘 만에 읽었다. 이 책을 읽고 나서 나는 일본이 왜 임진왜란을 일으켜 이 땅을 침입했는지, 어떻게 메이지 유신이 성공할 수 있었는지 등의 배경을 입체적으로 이해할 수 있을 것 같았다. 어느덧 나는 한층 누그러진 마음으로 일본을 바라보고 있었다. 이것이 바로 훌륭한 역사소설이 갖는 힘이라 할 수 있을 것이다.

《삼국지》는 이제 그만

중학교 시절 한문 선생님이 한 분 계셨다. 두꺼운 뿔테 안경에 항상 물총을 가지고 다니셨다. 수업시간에 졸거나 딴짓을 하면 소리 없이 다가와 얼굴에 사정없이 물총 세례를 퍼붓고는 "놀랐지? 요놈!" 하며 흰 이를 드러내고 어린아이처럼 웃곤 하셨다. 우리는 그의 허물없는 성격을 좋아했지만 고사성어와 한시를 외워야만 하는 딱딱한 한문 시간만은 사양하고 싶었다. 그로부터 이십여 년이 흐른 후 그 선생님이 《원본(原本) 삼국지》를 펴냈다. 장난꾸러기 같던 물총 선생님이 책을 펴낸 것이 신기하기도 하여 일곱 권을 사서 숙독하였다.

그로부터 몇 년이 지나 이문열의 《평역(評譯) 삼국지》가 나왔다. 원본을 그대로 옮긴 것이 아니라 작가 자신의 비평을 곁들였다는 것에 구미가 당겨 열 권을 모두 사서 읽었다. 이번에는 소설가 황석영이 《원전(原典) 삼국지》를 펴냈다.

"삶의 거대한 허무와 역사의 큰 선을 담고 싶었다. 지금까지 《삼국지》의 크고 작은 번역본이 50종이 넘는데 나까지 나서자니 쑥스러웠다. 하지만 원전에 충실한 《삼국지》를 그리기 위하여 6년 동안 공을 들였다." 그가 출간에 즈음하여 어느 일간지와 인터뷰한 요지다. 그 신문에는 그럴듯한 예상까지 실려 있었다.

"화려한 문장력 돋보여… 이문열 작품과 경쟁 예고"

그러나 나는 그 경쟁 대열에 합류하지 않았다. 왜냐고? 원전과 원본이 어떻게 다른 것인지 혼란스럽기도 하지만 《삼국지》를 종교로 믿는 사람이 아닌 바에야 같은 전집을 세 질이나 살 필요가 어디 있을까? 아무튼 나는 앞으로 중국의 《삼국지》는 더 이상 사지 않을 것이다. 그것이 원전이든, 원본이든, 평전이든, 다른 무엇이든 간에.

《삼국지》의 숨은 의도

중국의 《삼국지》는 원나라 말기 나관중(羅貫中)이 당시 시중에 유행하던 이야기를 《삼국지연의(三國志演義)》로 정리한 것이다. 그런데 그 의도와 배경이 단순한 정리가 아니었다. 그가 《삼국지》를 편찬한 속뜻은 한족이 이민족인 몽골의 지배를 받는 데 대한 지식인의 울분과 희망의 메시지를 몽골 관리들이 쉽게 알 수 없도록 교묘하게 담아 민중에게 전달하고자 함이었다. 그러다 보니 중국 역사상 최초로 북방 유목민족을 제압한 한나라가 이데아로 제시된다. 한나라 부흥은 소설 전체를 관통하는 테마가 되고, 밑바탕에는 유학정신과 중화주의가 도도하게 흐르고 있다. 그런 구도 하에서 조조보다 유비가 부각되고 6,700여 명의 등장

인물 중 제갈량과 관우는 중국 사람들의 표상으로 묘사된다. 만화에서 나 있을 법한 제갈량의 칠종칠금(七縱七擒 : 제갈량의 전술로 일곱 번 놓아 주고 일곱 번 잡는다는 뜻)은 주변 민족에 대한 한족의 우월성을 적나라하게 드러낸다.

이런 관점에서 본다면 대중소설로서 《삼국지》의 장점이라 할 수 있는 유려한 문장과 적절한 수준의 지식, 교훈적 내용은 사실상 저자의 의도를 달성하기 위한 포장이요 위장에 불과한지도 모른다. 오늘날 대부분의 《삼국지》는 나관중의 것보다 중국 청나라 때 모종강(毛宗岡)이 편찬한 모종강본을 따르고 있다. 모종강본은 나관중의 것에 비하여 문장이 수려하고 정갈하게 다듬어져 웬만해서는 작가의 의도를 눈치 채지 못한 채 작품에 심취하게 된다.

《삼국지》 편애의 그늘

역사소설은 저자의 역사관이나 의도에 따라 역사적 사실이 해석되고 재구성되어 전개된다. 따라서 강력한 메시지를 전하는 역사소설일수록 독자의 의식을 변화시킨다. 독자가 소설의 배경이 되는 역사적 사실에 무지하거나 작가의 의도를 짐작하지 못할수록 미치는 영향이 크다. 나의 경우 《대망》을 읽고 난 후 일본 문화의 깊이와 사고의 스케일이 만만치 않다는 것을 인정하지 않을 수 없었다. 뿐만 아니라 도쿠가와 이에야스의 어머니인 오다이는 젊은 시절 한때 나의 이상적인 여인상으로 자리 잡기도 했다. 솔직히 고백하건대 감성적인 면에서 나는 반일(反日)에서 지일(知日)로 바뀌게 된 것이다.

그렇다면 《삼국지》를 읽고 나서는 어떤 변화가 생길까? 우리나라에서 불경이나 성경보다도 많은 사람이 본다는 《삼국지》가 국민 정서에 미치는 영향은 무엇일까? 요즈음 어린이들은 우리나라 장군은 잘 알지 못해도 《삼국지》에 나오는 중국 장수들의 이름은 줄줄 꿰고 있다. 황석영의 《삼국지》 출간에 때맞추어 한 신문은 행여 뒤질세라 소설가 장정일의 《삼국지》를 연재하기 시작했다. 어떤 유력 신문은 아예 사회 저명인사들을 동원하여 《나를 사로잡은 삼국지 명장면》 시리즈를 내보내고 있다. 아무래도 좀 심한 것 같다. 아마 중국도 이 정도는 아닐 것이다. 우리 사회의 이런 《삼국지》 편애가 자라나는 청소년에게 어떠한 영향을 미칠지 한번쯤 생각해 볼 필요가 있지 않을까?

물론 《삼국지》는 좋은 책이다. 그 점을 부인할 생각은 추호도 없다. 《삼국지》를 폄하하거나 배척하는 편협한 문학 국수주의를 주장하려는 것도 아니다. 단지 이 시대를 대표하는 수많은 문인들까지 나서서 《삼국지》로 도배를 하고 언론이 이에 장단을 맞추는 현실이 서글플 뿐이다.

그들의 빛나는 창조적 재능은 어디에 두고 남의 나라 사람이 600여 년 전에 쓴 작품의 번역에 매달리는 것인가? 반만년 우리 역사에는 이런 창작 역사소설을 쓸 만한 재료가 없단 말인가? 지금 중국은 고구려를 자기들의 역사로 꿰어 맞추기 위하여 주도면밀하게 작업을 하고 있다. 그 중 하나가 중국 정부가 직접 나서서 수행하는 '동북공정(東北工程)'이라는 3조 원짜리 프로젝트다. 시퍼렇게 살아 있는 역사를 백주대낮에 빼앗아 가려는 마당에 정작 우리는 그들의 《삼국지》에 코를 처박고 취해 있으니 우리 사회의 무심함과 대범함(?)이 놀라울 뿐이다.

우리네 《삼국지》를 기대하며

얼마 전 중앙공무원교육원에서 초베스트셀러 《삼국지》를 쓴 소설가 L씨의 강의가 있었다. 그의 강의가 끝난 후 새파랗게 날을 세워 평소 생각하던 바를 물었다. 작가의 지명도만 있으면 《삼국지》야말로 흥행을 보장하는 보증수표라는 시중의 이야기도 마다하지 않았다. 그는 무례하다고도 할 수 있는 나의 질문에 얼굴이 조금 일그러졌지만 곧 공감의 뜻을 표하였다. "황 선배는 60대에 《삼국지》를 냈지만, 자신은 한참 창작열이 불타던 30대 때 《삼국지》를 번역하였으므로 지금 생각해 보면 아쉬운 일이었다."고 자인하였다. 그러나 끝내 우리의 민족정기를 곧추세우는 창작 역사소설을 쓰고 싶다는 이야기는 들을 수 없었다.

아시아에서 노벨 문학상 수상자를 배출한 나라는 일본과 중국, 인디아, 터키 등 모두 네 나라다. 그들은 모두 《삼국지》나 《대망》, 《리그베다》 같은 대하 역사소설이나 유서 깊은 문헌을 가지고 있다. 그런 나라에서 수상자가 나온 것을 보면 노벨 문학상은 그 민족이 축적해 온 문학적 자산과 저력의 꽃이라는 생각이 든다. 이런 점에서도 나는 우리의 삶을 《삼국지》나 《대망》, 《일리아드》, 《오디세이》 같이 창의적으로 이야기한 대중적인 작품이 언젠가 반드시 나와야 한다고 믿는다. 그런 작품이 국내외에서 대박을 터트리고, 이를 패러디한 만화나 게임, 영화가 앞다퉈 쏟아져 나오기를 소망한다.

자라나는 세대들이 그를 통해 꿈을 키우고, 중국과 일본의 젊은이들이 그 책을 열독(熱讀)하며 우리 장수들의 이름을 외운다면 상상만 해도 흐뭇한 일이 아닌가?

거대한 역사 속
나의 1년이 갖는 의미

얼마 전 보도에 따르면 중국이 과거 명나라 시대 아프리카까지 진출한 정화함대의 난파선을 찾는 고고학 프로젝트에 착수했다고 한다. 문득 해운물류국장 시절의 기억이 떠오른다.

바다는 역사다

나는 산에서 태어나 산에서 자랐다. 그렇기에 나에게 바다는 가까이 하기에 너무 먼 세계였다. 상상만 하던 바다를 직접 본 것은 대학교 1학년 여름방학 때다. 부산의 남포동 부두에서 친구들과 함께 난생 처음 보는 바다와 물기 머금은 공기를 소주잔에 담아 기울이던 기억이 지금도 새롭다. 그 후 직장 생활을 하면서 바다에 보다 익숙해졌다. 하와이 해변은 마음 편히 시간을 보내기에 안성맞춤인 국제적 휴게소 같았다. 미국 서해안의 자동차 전용도로를 달리면서 굽어보는 태평양은 반사되는 햇빛만큼이나 눈이 부셨다. 끝이 없는 시원함에 가슴이 뚫렸다. 대자연의 축복을 받은 미국과 바다 건너 한반도가 대비되었다. 동양과 서양이 얼굴을 맞댄 보스포루스 해협의 유람선에서 음미하던 지중해는 그저 바다가 아니었다. 수천 년 동·서양 인류의 피와 땀과 눈물이 도도하게 흐르고 있는 역사 그 자체였다.

내 삶에 들어온 바다

여행을 통해 바다를 감성적으로 접하던 내가 바다에 대한 인식을 바꾸고 그 현실적 의미를 깨닫게 된 것은 2004년으로 거슬러 올라간다. 당시 나는 정부의 고위공무원단 부처 교류 프로그램에 따라 해양수산부 해운물류국장으로 발령이 났다. 자신의 전문분야에서 한참 일할 나이에 갑자기 다른 부처로 가서 전혀 생소한 업무를 하라니? 처음에는 당혹스러움도 없지 않았다. 그러나 돌이켜 생각해 보면 그때야말로 내가 28년여의 공무원 생활 중 마음속으로부터 가장 즐겁게 일했던 시기 중의 하나였다.

부임한 지 4일째 되는 날이었다. 우리나라 투 포트(Two Port) 시스템의 두 축인 부산항과 광양항을 둘러보았다. 업계에 종사하는 많은 분들이 이구동성으로 말하고 있었다. "우리 항만이 물동량 경쟁에서 중국 항만을 이기는 것을 빨리 포기하고 살길을 찾아야 한다." 그 말에서 나는 내 업무에 대한 일종의 사명감 같은 것을 느끼게 되었다.

관념의 역사, 현실의 역사

나는 어린 시절부터 역사에 흥미가 컸다. 그러나 역사에 가까이 다가 갈수록 한족(漢族)의 존재가 내 마음을 짓눌렀다. 왜 우리는 항상 그들의 그늘에서 살아야 하는가? 한족을 극복해야 된다는 생각이 시간이 흐를수록 짙어졌다. 그러나 현실은 한족 쪽에 힘을 실어 주고 있는 것 같다.

오늘날 그들은 북방 유목 이민족까지 합하여 중국이라는 이름으로 더욱 거대하게 우리 앞에 서 있다. 경제 분야만 보더라도 첨단기술부터 농산물, 섬유 등 중국과 맞부딪쳐 어려움을 겪는 산업이 한둘이 아니다. 그 중에서도 대표적인 것이 내가 담당하는 해운 항만 분야였다.

지금도 달라지지 않았지만 그때 중국은 엄청난 물동량을 앞세워 전 세계의 물류를 블랙홀처럼 빨아들이기 시작하고 있었다. 중국 항만들의 컨테이너 처리 물량이 불과 몇 년 사이에 세계 상위권을 휩쓸고 있었다. 상하이항은 조만간 싱가포르를 추월하여 세계 최대 항만이 될 것으로 예상되는 시점이었다. 그 영향으로 부산항의 컨테이너 처리량은 세계 3위에서 5위로 내려앉았다. 이런 상황에서 우리나라 물류 산업이 발전하기 위해서는 중국을 따돌리든 상호 조화를 이루어 내든 그들을 극복하는 것이 필수였다. 그 뜨거운 현장의 최전선에 서야 할 사람이 누구인가? 바로 해운물류국장이었다. 그동안 머릿속에서 역사로만 맴돌던 중국 극복이 현실적 과제로 부여된 것이라 생각하니 투지가 불타올랐다.

푸른 남해 바다가 넘실거리며 말하는 것 같았다. 당신이 해운물류국장이 된 것은 우연이 아니라 엄중한 인연이라고. 부처를 옮긴지 얼마 되지 않아 해양수산부 직원 하나가 물었다.

"만약 건설교통부와 해양수산부가 서로 다른 의견을 가지고 있는 사안이 발생하면 어떻게 하겠습니까?"

이미 나의 눈에는 바다와 물류가 크게 보이고 있었다. 마음속으로 다른 분야는 몰라도 적어도 해운물류에 있어서만큼은 결코 중국에 뒤질 수 없다는 각오를 다지면서 망설임 없이 대답했다.

"나는 어느 부처의 국장이 아니라 대한민국의 해운물류국장이다."

역사와 나

그로부터 6년이 지난 지금 중국의 힘은 그때와 비교할 수 없을 정도로 커졌다. 바다만 하더라도 단순히 자국 내의 항만과 해운에 머무는 수준을 넘어섰다. 부상하는 자신들의 자부심을 표출하기 위해 3년에 걸쳐 35억 원의 돈을 들여 멀리 인도양까지 나아가 역사를 재건하고 있다. 거대한 공룡 같은 중국이 뚜벅뚜벅 역사의 무대로 걸어 나오는 것을 보면서 곱씹어 본다. 긴 역사의 흐름에서 볼 때 내가 해운물류국장으로 일한 1년이 무슨 의미를 가지고 있을까?

3부
솔롱고스(무지개 나라), 몽골

- 몽골 예감
- 울란바토르
- 허더 아랄
- 허흐 노르
- 보르기 에르기, 사아리 케에르
- 테렐지 국립공원
- 울란바토르

- 물과 뭍의 방정식
- 히딩크의 리더십

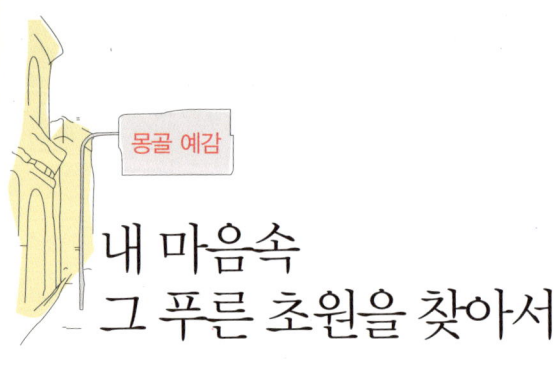

내 마음속
그 푸른 초원을 찾아서

● 　　　　　　　　내가 처음 세계사를 접한 것은 중학교
2학년 때였다. 그때 칭기즈칸의 몽골 제국은 나에게 흔한 역사적
사건 중의 하나일 뿐이었다. 그러나 세월이 흘러 역사에 대한 접
근이 늘어 가면서 몽골과 몽골의 아버지 칭기즈칸은 대나무가 물
을 먹고 쑥쑥 자라듯 내 마음 한가운데 자리를 잡고 커 갔다.

　특히 21세기 들어 중국이 중화민족이라는 듣지도 보지도 못한
개념을 내세우고 동북공정과 같은 역사 찬탈까지 자행하면서부터
몽골은 헤어졌던 오랜 벗을 다시 만난 것처럼 더욱 소중해졌다.
어느덧 몽골은 우리 민족의 생존과 번영을 생각할 때마다 떠오르
는 화두가 되었다. 미래 우리 후손이 새천년 실크로드를 따라 중

앙아시아와 터키까지 내달리는 멋진 꿈과 희망이 광활한 몽골 초
원에서 싹을 키우고 있는 것이다.

　그럼에도 정작 나는 몽골에 가 본 적이 없다. 적지 않았던 공무
출장에도 유독 몽골만은 기회가 닿지 않았다. 벼르고 별러 이번에
용단을 내렸다. 마침 한국몽골학회의 하계 학술대회 및 칭기즈칸
유적시 답사 일정이 여름휴가 기간이어서 눈 딱 감고 한 수를 투
자한 것이다. 난생 처음으로 가는 개인적인 해외여행이다. 중학교
2학년인 다일이도 따라나섰다. 아들 녀석이 스펀지처럼 모든 것을
빨아들일 나이에 웅대한 몽골의 역사와 대자연을 맛볼 수 있다고
생각하니 부모로서 흐뭇하기도 하였다. 내 마음은 마치 모험을 떠

나는 동화 속의 소년처럼 출발하기 며칠 전부터 설레었다.

지금 몽골은 인구가 인천시 정도이고 국민소득이 1,500달러에 불과한 약소국가다. 국토는 척박하고 바다와 멀리 떨어져 아시아 한가운데 깊숙이 고립되어 있다. 우리와 그들 사이에는 중국이 가로막고 있어 3시간 거리의 항공로가 지금으로서는(2009년 8월 현재) 유일한 통행수단이다. 그럼에도 왜 새천년 우리 미래의 희망을 몽골에 거는가? 바로 그곳에 칭기즈칸의 발자취와 정신이 녹아 있기 때문이다. 우리와 뿌리가 같은 형제들이 살고 있는 땅이기 때문이다.

칭기즈칸은 인류 역사상 눈부시게 빛나는 별 중의 별이다. 자기 이름도 쓸 줄 몰랐지만 역사의 변방이었던 몽골 고원에 세계를 향한 꿈을 제시하고, 동족들과 그 꿈을 하나로 공유하며 현실로 만들었다. 동·서양을 하나로 엮어 역사상 최초로 지구촌 차원의 시너지 문명을 창출하였다. 그를 단순히 인류 역사상 최대의 정복자라고만 한다면 장님이 코끼리 다리를 만지는 것과 다름이 없다. 그는 정복자인 동시에 경영자요, 동서 통합 문명의 산파다. 아니 그것만으로는 부족하다. 우주를 흐르는 유성처럼 살다 간 그의 초월적 삶을 인간의 언어로 선명하게 그려내는 것이 쉽지 않다.

하지만 분명한 것은 우리 몸속 깊은 곳에는 그의 뜨거운 피가 흐르고 있고, 같은 DNA가 배어 있다는 사실이다. 그래서일까? 조용하고 평범했던 내 가슴에도 언제부터인가

166

지금 몽골은 인구가 인천시 정도이고 국민소득이 1,500달러에 불과한 약소국가다.
국토는 척박하고 바다와 멀리 떨어져 아시아 한가운데 깊숙이 고립되어 있다.
우리와 그들 사이에는 중국이 가로막고 있어
3시간 거리의 항공로가 지금으로서는(2009년 8월 현재) 유일한 통행수단이다.
그럼에도 왜 새천년 우리 미래의 희망을 몽골에 거는가?
바로 그곳에 칭기즈칸의 발자취와 정신이 녹아 있기 때문이다.

한 줄기 혁명의 바람이 불고 있다. 더 이상 미룰 수 없다. 이제 몽골에 가서 칭기즈칸을 만나 볼 것이다. 힘차게 불어 대는 바람의 근원을 찾아볼 것이다.

칭기즈칸과 몽골 사람들은 우리와 같은 몽골리안이자 알타이어계다. 원래 그들과 우리는 지금의 북만주와 몽골 고원에서 함께 살았다. 그러다가 인구가 늘어나고 기후변화 따위의 영향으로 분화되기 시작하였다. 이들의 흐름은 크게 네 갈래로 분류할 수 있는데 우리의 직계 조상은 '예맥'으로 만주 중부와 한반도에 걸쳐 살았다. 바로 고조선과 부여, 고구려가 대표적인 예다. 예맥의 서쪽은 동호인데 나중에 거란[遼]과 몽골로 나뉘었으며, 동쪽은 숙신으로 훗날 말갈[金] 또는 여진[淸]으로 불리었다. 가장 서쪽의 투르크[突厥]는 몽골 고원에서 살다가 서쪽으로 이동하여 오늘날 중앙아시아의 우즈베키스탄과 같은 이른바 −탄,−탄,−탄의 나라들(카자흐스탄, 우즈베키스탄, 타지키스탄, 투르크메니스탄, 키르기스스탄)과 터키를 건국하였다.

이들 네 갈래는 서로 정도의 차이는 있으나 결국 뿌리가 같은 한 형제다. 실제 역사를 보면 투르크는 고구려의 맹방이었으며, 청을 건국한 만주족의 직계 조상인 말갈은 고구려와 발해의 백성이었다. 이 중 몽골과 우리의 관계는 더욱 밀접하다. 일반적으로 우리 조상들은 바이칼호와 몽골에서 살다가 싱안령 산맥의 낮은 곳을 넘어 만주로 이주한 것으로 알려졌다. 그러나 최근에는 만주의 홍산 문화(신석기 및 청동기) 유적을 볼 때 오히려 만주에서 몽골로 이동한 것으로 보아야 한다는 주장도 제기된다. 어느 의견을 취하든 원래 몽골과 우리의 관계가 매우 깊다는 것은 명확하다. 고려 시대에는 100년이 넘게 사실상 몽골과 한 나라였다. 일곱 명의 왕이 대대로 몽골의 공주와 결혼하였으니 동화의 정도가 일본 식민 시대에 비할 바가 아니다. 조선에 와서 유학과 중화 추종에 따라 몽골 흔적이 지워지고 유목 기마 민족의 기상을 많이 잃어버렸지만, 유전자가 같다 보니 생김새와 기질이 닮은 것은 어찌할 수 없다.

오늘날 국제정치적으로도 두 나라는 중요한 두 가지가 서로 같다. 몽골 사람들은 자신들이 두 개(외몽골과 내몽골)로 나뉘어 있으며 언젠가는 하나로 통일되어야 한다고 생각하고 있다. 남한과 북한으로 갈라진 우리와 동병상련(同病相憐)이다. 중국으로부터 생존 차원의 압박감을 느끼는 것 또한 빼닮았다.

인종적, 역사적, 국제정치적 상황을 두루 살펴볼수록 우리와 몽골은 깊은 인연의 끈으로 맺어져 있다는 느낌을 지울 수 없다. 한 핏줄이고 똑같은 상황에 놓여 있는데 서로 힘을 합하지 못할 이유가 없다. 힘을 모은다면 분명 서로에게 이익이 될 것이다. 그런 점에서 미래 대한민국의 답은 몽골에 있다. 몽골의 미래 역시 대한민국에 달려 있다.

이번 몽골 여행은 그 답을 직접 두 눈으로 확인하기 위함이다. 실제 가 보지 않고 책상머리에 앉아 떠올리는 생각은 현실성을 담

몽골의 아름다운 호수

보할 수 없어 자칫 공상에 그칠 수 있기 때문이다. 물론 그동안 기대가 컸던 만큼 실망이 클 수도 있다. 각오는 하고 있다. 이번 여행을 통해 그동안 가슴에 품어 왔던 화두를 치열하게 탐구할 것이다. 앞서는 감정을 누르고, 더하지도 빼지도 말며, 비약하지 않고 있는 그대로 몽골의 속살을 살펴볼 것이다.

울란바토르

외풍에 쓰러지는
게르

● 　　　　　　가슴 뛰는 나라 몽골의 수도 울란바토
르에 도착한 시간은 8월 3일 밤 11시 무렵이었다. 몽골의 유일한
국제공항인 칭기즈칸 공항의 활주로에는 서너 대의 작은 비행기
가 희미한 등화시설 불빛 아래 고즈넉하게 서 있었다. 공항 건물
은 낡고 비좁았으며 내부 조명도 침침하였다. 우리나라의 어느 지
방 공항도 여기에 비하면 눈부실 정도로 화려하고 현대적이다. 몽
골은 내륙 국가이므로 관문공항에 특히 많은 투자를 했을 텐데도
이 정도라면 몽골의 국력이 어느 정도인지 짐작이 되었다.
　나는 해외여행을 할 때마다 그 나라 공항의 시설과 운영상황을
살펴보는 버릇이 있다. 그 중에서 출입국 관리들의 근무 모습을

관찰하는 것은 빠지지 않는 단골 메뉴다. 사람으로 치자면 첫인상
이라고 할까? 그들이 근무하는 태도나 외국인을 대하는 눈빛 따위
를 보면 그 나라의 문화나 국민성을 가늠할 수 있기 때문이다. 몽
골의 관리들은 중국처럼 오만한 분위기를 풍기거나 시끄럽지 않
았다. 일본과 같이 상냥하고 절도 있는 모습도 아니었다. 뭐랄까?
외국인에게 겸연쩍어 하고 친절하지만 고집이 묻어나는 것이 우
리네와 비슷한 느낌이었다. 생김새도 같아 센소리가 많이 들어가
는 몽골말만 아니었다면 1970년대 우리나라의 모습과 다름이 없
었다.

　칭기즈칸 국제공항은 울란바토르 시내의 동쪽에 있다. 숙소인
선진그랜드 호텔은 반대편 서쪽에 있어 30분가량을 버스로 달렸
다. 길은 대부분 편도 1차선에 포장도 잘 되어 있지 않았다. 가로등

칭기즈칸 공항

이 띄엄띄엄 서 있고 불빛도 어두워 옛날 우리나라 시골길 같았다.

이곳이 한때 전 세계를 지배했던 사람들이 사는 곳이란 말인가? 서울, 도쿄, 이스탄불 등 오늘날까지 남아 있는 몇 안 되는 또 다른 몽골리안 도시들과는 크게 달랐다. 여행을 출발하기 전에 가졌던 의문이 다시 꼬리를 들었다. 과연 이번 여행에서 몽골의 미래에 대한 믿음을 갖게 될 수 있을까? 그들이 우리와 깊은 연대감을 느끼는 것도 확인할 수 있을까? 버스 창밖의 어둠만큼이나 마음이 답답해졌다.

이튿날 아침 우리 일행은 울란바토르 대학으로 향했다. 제27차 한·몽골 국제학술대회에 참가하기 위해서였다. 이 학술대회는 한국몽골학회와 울란바토르 대학이 매년 공동으로 주최하여 봄에는 서울에서, 여름에는 몽골에서 각각 열린다. 이번 주제는 "동몽골에 대한 인문학적 연구"로 동부 몽골과 만주, 한반도 간의 밀접한 관계를 역사적 측면에서 논의하는 자리였다.

참석자는 양측 합쳐 30여 명이다. 규모는 크지 않지만 이 대회에 참석한 학자들이야말로 한국과 몽골의 핏줄을 이어가는 소중한 사람들이다. 화기애애한 분위기에서 상견례를 마치고 본격적인 토론이 시작되었다. 나를 포함하여 토론자가 아닌 6명은 그 시간을 이용하여 울란바토르 시내를 둘러보기로 했다.

시내 중심부에 이르니 수흐바타르 광장이 보인다. 만주족의 청

수흐바타르 장군 석상

나라로부터 독립하여 오늘날의 몽골 공화구을 건국한 수흐비티르 장군을 기리는 광장이다. 광장의 한가운데 장군의 동상이 있는데 1921년 수흐바타르 장군이 혁명을 선포할 때 말을 타고 서 있던 곳이라 한다. 이 광장의 주변으로 정부청사, 국회의사당, 역사박물관 따위가 몰려 있어 몽골의 심장부임을 한눈에 알 수 있었다. 우리로 치면 서울의 광화문 광장 정도로 보면 될 것 같다.

다음으로 찾은 간단사는 몽골에서 가장 규모가 큰 절이다. 1809년에 세워졌는데 원래 이름은 '완전한 기쁨을 가진 위대한 곳'이

간단사

란 뜻을 가진 간단테친렌(Gandantegchinlen)이다. 전 국민의 90%
가 티베트 불교를 믿는 불교국가답게 평일인데도 많은 사람들이
참배를 하고 있었다. 안내를 맡은 가이드 쿨란의 설명에 의하면
이곳은 경전뿐만 아니라 몽골의 역사와 문화에 관한 중요한 유물
들이 소장되어 있어 몽골의 정신세계를 한눈에 볼 수 있단다. 그
러나 이 절도 몽골의 역사만큼이나 험한 풍파를 겪어야 했다.
1930년대 소련에 스탈린 공산정권이 들어서면서 많은 스님이 쫓
겨나거나 사형되었고 전각이 다수 파괴되었다. 지금 남아 있는 6
개의 전각은 1990년 민주화 이후 정부가 보수하여 관리하고 있는
것이라고 한다.

이 절에서 가장 눈에 띄는 것은 중앙법당 안에 조성된 관세음보

살상이다. 높이가 26.5미터나 되는 큰 불상인데 팔이 네 개로 두 손은 앞으로 모아 설법인(說法印)을 하고 있고, 다른 두 손은 거울과 약수를 각각 들고 있다. 원래 이 불상은 구리로 주조하고 금으로 도금하여 조성한 것인데 1937년 스탈린주의자들이 조각조각 분해하고 녹여서 무기를 만드는 데 사용하였다고 한다. 현재의 불상은 민주화 이후 몽골 정부가 국가 재정과 신도들의 후원금으로 금 150kg과 250개의 보석을 들여 5년 동안의 작업 끝에 1996년 다시 완성한 것이다.

이 법당의 내부, 사방 벽에는 1,000여 분의 아미타불상이 안치되어 있는데 그 모양이 모두 서로 다르다. 아미타불상을 따라 내부를 한 바퀴 돌아 정면 가운데에 이르니 불상 사이에 달라이 라마의 젊었을 때와 최근의 사진이 나란히 놓여 있었다. 달라이 라마의 위상이 놀라웠으나 나중에 알고 보니 몽골 어디를 가도 붓다 옆에 친근하게 놓여 있는 그의 사진을 볼 수 있었다.

법당을 나서려는데 중앙 홀에 젊은 승려 8명이 서로 마주 보고 앉아 작은 소리로 경전을 읽고 있는 것이 눈길을 끌었다. 수많은 관광객이 드나드는 곳에서 과연 공부가 될까 하는 의문이 들어 유심히 살펴보았다. 10대 초반의 어린 스님들은 관광객들을 흘깃흘깃 보았으나 20대 중반으로 보이는 스님은 편안한 얼굴로 경전을 읽고 있었다. 조용한 장소에서 일반인의 접근을 막고 화두를 드는 조계종의 선풍에 익숙한 우리 눈에는 낯설게 느껴졌다. 하지만 불법 수행에 이것 아니면 안 된다는 유일한 정답이 있을 수 있겠는가?

간단사에 이어 국립미술관을 둘러본 후 간단한 한식으로 점심을 하고 울란바토르 남쪽에 있는 만주쉬르 사원으로 향했다. 40여 킬로미터 떨어져 있는 길이 제법 넓고 포장도 잘되어 있다. 고속도로가 없는 몽골에서 사실상 1번 국도 역할을 하는 도로로 일본의 지원으로 건설되었다고 한다. 이 길의 시내 구간에는 '남양주 거리'가 있는데 울란바토르 시가 우리 남양주시와 자매결연 맺은 것을 기념하여 붙인 이름이라고 한다.

시내를 조금 벗어나니 길이 Y자 형태로 갈라진다. 차들이 많이 다니고 있는 큰 길을 따라 계속 남쪽으로 내려가면 중국이고, 왼쪽 좁은 길이 사원으로 가는 길이다. 묘하게도 몽골의 주간선도로에는 한·중·일 세 나라가 얽혀 있었다.

버스를 타고 가면서 가이드 쿨란은 몽골의 이모저모를 이야기해 주었다. 그녀에 따르면 몽골의 인구는 작년(2008년)에 290만 명이었고, 조만간 300만 명을 넘을 것이란다. 300만이란 부분에 이르러 조용히 이야기하던 쿨란의 목소리가 커지고 자랑스러운 표정이 된다. 몽골이 인구가 적은 것에 대해 얼마나 예민하게 생각하고 있는지 짐작할 수 있었다. 한반도의 7배에 이르는 넓은 땅에 인구는 인천시 정도에 불과하니 그럴 만도 하다. 특히 인구

울란바토르 시내

만주쉬르 사원

대국인 중국과 러시아에 둘러싸여 있는 상황에서는 국가 생존을 위해서 무엇보다도 인구 증가가 절박한 당면 과제일 것이다.

사실 인구를 늘리기 위해 몽골이 기울이는 정성은 눈물겹다. 결혼을 해서 아이를 낳으면 50만 원을 정부에서 주고, 자식을 많이 낳은 부모에게는 훈장도 수여한다. 이처럼 출산을 장려하다 보니 산부인과가 성업을 하여 최고의 소득을 올리고 있고, 유능한 인재들이 산부인과에만 몰려 사회문제가 될 정도라고 한다. 진정한 선진국이 되기도 전에 출산율 감소라는 조로증(早老症)에 걸려 있는 우리나라로서는 상상하기 어려운 일이다.

울란바토르 시는 인구가 105만 명인데 최근 인구 유입속도가 너무 빨라 도시 기반 시설을 갖추는 데 어려움이 많다고 한다. 주거 형태는 60%가 아파트이고 나머지 40%는 게르(Ger, 몽골족의 이동식 집)에서 산다. 게르에 사는 사람들은 나무와 석탄을 연료로 사용하고 있어 대기오염을 심화시키고 산을 민둥산으로 만들고 있다. 이 때문에 아파트를 많이 짓고 있다고 하는데, 어지럽게 들어서고 있는 빨갛고 누런 벽돌 아파트 또한 도시의 지속가능성을 훼손하고 있는 듯 보였다.

만주쉬르 사원은 1749년에 세워졌고 몽골 최대의 불교학교가 있었다고 한다. 이 절은 남쪽을 향하고 있는데 북쪽에 큰 산을 등지고 이로부터 뻗어 나온 산줄기가 좌우를 감싸 안는 가운데 넓은 초원과 울창한 산림이 눈 아래 펼쳐져 있다. 큰 절이 자리하기에 좋은 위치다. 한때 만여 명이 머물렀을 만큼 융성했다는 말에 고개가 끄덕여졌다. 그러나 이 절도 스탈린 시대에 불태워지고 지금은 1970년대 들어 복구된 조그만 전각 하나와 자연사 박물관만이 덩그러니 서 있다. 그나마 이들도 불교 사원으로서의 기능은 아직 회복하지 못하고 학생들의 단체 소풍과 가족 단위의 행락객을 위한 유원지로 활용되고 있을 뿐이다.

절을 보고 돌아오는데 그동안 해가 쨍쨍 비치던 하늘에서 갑자기 비가 쏟아졌다. 지름이 손가락 두 마디는 될 정도로 큰 우박이었다. 그 덩어리가 어찌나 단단한지 버스 지붕에 비가 부딪히는 소리가 콩 볶듯이 요란하였다. 십 분 정도 지났을까? 언제 그랬냐는 듯이 다시 하늘이 맑아졌다. 그러나 그 짧은 시간 동안 내린 잠깐의 비로 도로 곳곳이 패여 그곳으로 빗물이 시냇물처럼 흐르고 있었다. 몽골의 비는 우리나라의 비와 달리 오고 감도 빠른 것 같았다. 하긴 몽골 같은 환경에서 우리나라의 이슬비와 같은 정감 어린 비가 어울리겠는가?

몽골은 1년 강수량이 200여 밀리미터에 불과하다. 이 정도로는 농사를 지을 수 없고 목축과 사냥으로 살아갈 수밖에 없다. 오늘날 중국 땅을 차지한 한족의 진시황이 쌓은 만리장성은 사실상 농사가 가능한, 강수량의 북방한계선이라고 보면 된다. 만리장성의 진면목은 지구를 도는 우주선에서도 보이는 초대형 토목 구조물로서 사진을 찍으며 즐기는 관광지가 아니다. 그것은 농사를 지을 수 있는 풍요로운 땅은 우리 것이니 너희는 절대 들어오지 말라는 단절의 벽이요, 정착민의 배타적인 소유권 선언이다.

하지만 얄궂게도 이런 몽골에도 가끔 홍수가 난다. 1993년에는 100년 빈도로 대홍수가 나서 대부분의 지역이 물난리를 겪을 정도로 여름에 매일 한차례 이상의 폭우가 내렸다. 올해도 비가 많이 와서 제법 피해를 입었다고 한다. 몽골의 비는 절대량은 많지 않지만 여름 한철에 집중되고 천둥과 번개를 동반하여 한꺼번에 쏟아 붓는데다 땅이 단단하여 지하로 흡수되지 않고 그대로 흘러내린다. 그러다 보니 강과 호수가 쉽게 범람하고 멀쩡했던 지역에 어느 순간 새로 물길이 생기기도 해서 큰 피해를 준다고 한다.

울란바토르 시내의 몽골인들

몽골 건국 800주년을 맞아 만들어진 칭기즈칸 대형 얼굴 그림

칭기즈칸은 "내 후손이 벽돌집에서
편안히 사는 날 멸망하리라." 는 유훈을 남겼다.
오늘날 몽골의 젊은이들은 자신들의
위대한 조상이 남긴 이 말을
어느 정도의 무게로 받아들이고 있는 것일까?

저녁을 먹고 숙소에 돌아오니 몽골학회 이성규 회장이 박원길 교수, 우실하 교수와 함께 시내에 나가 맥주나 한잔하자고 제안한다. 세 사람 모두 평생을 몽골과 만주를 발이 닳도록 섭렵하여 동북아의 역사와 지리, 언어를 꿰뚫고 있는 전문가들이다. 이들과 함께하는 몽골의 밤거리를 어찌 마다하겠는가? 시내는 하수도가 제대로 갖춰지지 않아 오늘 간간이 내린 비로 도로 곳곳이 물에 잠겨 있었다. 우리들은 '휘' 라는 맥주 카페에 자리를 잡았다. 서울로 치면 강남의 젊은이들이 잘 가는 카페라고 보면 될 것 같았다. 젊은 선남선녀들이 맥주를 기울이며 즐겁게 떠드는 것이 분위기가 활달하고 개방적이었다. 울란바토르를 덮어 가고 있는 황색 계열의 아파트도 그렇지만 이곳도 이미 몽골의 전통적 모습과는 거리가 있었다. 여느 국제도시처럼 서구화되어 있었다. 그러나 젊은이들을 중심으로 물밀듯 밀려오는 외세에 대한 저항감이 적지 않아 해가 지면 외국인 특히 중국인에 대한 테러가 자주 발생한다고 한다.

칭기즈칸은 이런 상황을 예견이라도 한 것일까? 그는 "내 후손이 벽돌집에서 편안히 사는 날 멸망하리라."는 유훈을 남겼다. 오늘날 몽골의 젊은이들은 자신들의 위대한 조상이 남긴 이 말을 어느 정도의 무게로 받아들이고 있는 것일까? 우리 넷은 주문한 흑생맥주를 큰 잔에 가득 따라 힘차게 부딪쳤다.

"몽골을 위하여~!"

찬란한 역사,
애잔한 현실

●   오늘부터 울란바토르를 벗어나 본격적
으로 몽골 역사탐방이 시작된다. 첫 목적지는 《몽골비사(秘史)》가
완성된 허더 아랄이다.

《몽골비사》가 무엇인가? 글자 그대로 몽골의 역사기록이다. 몽
골의 기원부터 칭기즈칸과 그의 아들 어거데이칸에 이르는 역사
를 웅대한 서사시적 형태로 담았다. 한(漢)족이나 한화(漢化)된 준
한인(準漢人)이 아닌 동북아시아의 유목민족이 자신들의 손으로 완
성한 유일한 사료이다. 때문에 외부인의 눈으로 바라보는 냉정함
이나 오해, 편견과 왜곡이 없다. 몽골 스스로의 철학과 사상을 바

탕으로 자신들의 삶을 농축하여 노래하고 있다.

나는 이 책을 대할 때마다 마음이 뜨거워진다. 《몽골비사》가 내 뿜고 있는 드넓은 초원의 영웅적 향기가 강렬하기 때문이다. 그것은 목 메이는 한 편의 장엄한 비극을 연상케 한다. 마치 항우가 유방과의 전투에서는 이겼으되 결국 전쟁에 지고 해하(垓下)에서 자살하는 비감한 모습을 보는 것 같다. 세계 정복의 찬란한 승리의 이야기가 나에게는 어찌 비극으로 느껴지는가?

메모력이 경쟁력이란 말이 있다. 그만큼 기록이 중요하다. 특히 역사에서는 사실 판단을 대부분 기록에 의존할 수밖에 없기 때문에 그 영향력은 가히 절대적이다. 풍부한 역사기록을 가지고 있는 민족과 그렇지 못한 민족 간의 승부는 법정 다툼에서 증거를 제시하는 사람과 단지 말로 주장하는 사람과의 차이와도 같다.

오늘날 중국을 지배하고 있는 한(漢)족의 가장 오래된 역사서는 B.C. 5세기경 공자가 썼다고 하는 《춘추(春秋)》다. 그러나 사실상 한족의 역사적 정체성이 형성된 것은 BC 100년경에 한나라 사마천이 엮은 《사기(史記)》로 보아야 한다. 왜냐하면 후대 한족 왕조의 역사서가 모두 《사기》의 기원과 시각을 따르고 있기 때문이다.

원래 사마천은 한 무제 때 천문역법을 관장하는 태사령이었던 아버지의 유언에 따라 이 책을 쓰기 시작하였는데 흉노에 항복한 이릉을 변호하다가 생식기를 제거하는 궁형(宮刑)을 받았다. 그는 이 울분을 승화시켜 공자의 《춘추》에 배어 있는 유학적 관점을 바탕으로 전설의 황제(黃帝)부터 하(夏), 은(殷), 주(周), 진(秦), 한(漢)의 역사를 중국 정사(正史)의 전형이 된 기전체로 기록하였다. 이후 중국에는 《사기》를 뿌리 삼아 수많은 사서(史書)가 열매를 맺었다.

그렇다면 한족을 공격하여 사마천이 궁형을 당한 원인을 제공한 흉노의 후손인 몽골이 남긴 역사기록은 어떠한가? 아쉽게도 그들은 인류 역사상 최대의 제국을 지배하였으나 정작 자신들의 이야기를 스스로 기록한 것은 《몽골비사》가 유일하다. 오늘날 역사의 승패는 완전히 뒤바뀌고 있다.

과거 흉노와 몽골에게 눌려 있던 한족은 넘쳐 나는 자신들의 사서를 재료로 역사 왜곡의 잔칫상을 차려 세계에 내놓고 있다. 반면에 몽골은 오직 몇 개의 자료로 연명하면서 자신들의 정체성까지 걱정해야 하는 처지가 되었다. 너무도 극명하게 뒤바뀐 승패의 명암을 보면서 나는 이보다 더한 비극이 있을까 생각하곤 한다. 만약 몽골의 뜻있는 젊은이라면 어찌 흐르는 눈물을 참을 수 있겠는가!

오전 9시부터 준비상황을 점검한 후 승합차 두 대에 나누어 타고 숙소를 출발했다. 이성규 회장이나 박원길 교수 같은 전문가들은 매년 하는 여행이라 익숙해 보였지만 초행자들은 이런저런 질문을 하며 기대에 찬 표정이었다. 나도 마음이 들뜬다. 영화 〈인디아나 존스〉에서 존스 박사가 고대 유적 탐험을 떠날 때 이런 기분이었을까?

몽골 답사 차량

　동남쪽으로 1시간 반을 달렸을까. 차에서 내려 심호흡을 하고 살펴보니 넓은 초원 한쪽 끝으로 큰 산이 병풍처럼 우뚝 솟아 있다. 국립공원 테렐지산이다. 과거 동남쪽에서 오는 적군을 막는 최후 방어선이었단다. 이곳이 무너지면 산을 따라 흐르는 울란바토르의 젖줄인 툴강을 잃게 되어 울란바토르를 버리고 서쪽 카라코룸으로 도망할 수밖에 없다. 지형적으로 북한산이 뚫리면 서울을 지킬 수 없는 것과 같은 형국이다. 때문에 몽골은 이곳에 늘 주력군을 배치했고 이런 허실을 잘 아는 영리한 적은 울란바토르 분지를 피해 만주쉬르 사원 쪽으로 돌아 카라코룸을 직접 공격하기도 했다.

　오늘날 만주라는 지명도 만주쉬르 사원에서 비롯되었으며 '문수보살의 땅'이라는 뜻을 가지고 있다고 한다. 날라이하는 이처럼 몽골 고원의 전략적 요충지로 훗날 만주족이 중국을 정복하고 세

평화롭게 풀을 뜯고 있는 소와 양, 말 떼들

운 청(淸)의 강희제와 칭기즈칸의 후손인 갈단칸이 운명을 건 대회전을 벌인 곳이기도 하다. 그러나 지금은 소와 양, 말 떼들이 평화롭게 풀을 뜯고 있을 뿐 수많은 전투의 흔적은 찾아볼 수 없다.

다시 차를 타고 남쪽으로 이동하니 초원 이곳저곳에 투르크 시대 돌무덤들이 보인다. 여기부터 옛날 투르크 땅이다. 대개 큰 돌을 가운데에 두고 그 주위에 작은 돌멩이들을 배치한 형태다. 박 교수가 그 중 가장 큰 무덤으로 우리를 안내하더니 동북아 고대무덤 전문 연구가인 우실하 교수와 서로 의견을 주고받으며 설명을 했다. 가운데 돌은 무덤의 주인이 묻힌 곳이고 주위의 작은 돌들은 젤촐로라 하여 그가 생전에 죽인 사람들을 묻었는데 중앙 돌이 크고 주위에 조그만 돌이 많은 것으로 보아 장군의 것으로 추정된단다.

몇 분을 더 달리니 8세기 투르크의 명장 톤유크 장군의 비석이

투르크 시대 돌무덤

보였다. 둘레에 담장과 정면에 안내판이 있는 것이 다른 비석과
달리 잘 관리되고 있는 듯하였다. 안내판에는 1994년 터키의 국제
협력개발청과 몽골의 교육과학부가 공동으로 비석을 복원하였다
는 설명이 쓰여 있다. 과연 투르크 전사의 후손답다. 자신들의 뿌
리를 지키려는 터키의 노력에 망치로 머리를 얻어맞은 것처럼 충
격을 받았다.

   이에 비해 우리는 어떠한가? 광개토대왕비는 우리가 쉽게 접근
할 수 없고, 지금 이 순간에도 만주와 몽골에 널려 있는 수많은 우

투르크 전사가 새겨진 암각화

리의 값진 고대 유적들은 사라져 가고 있다. 사정이 이러한데도 우리 사회는 이런 문제에 대해 무관심하다. 부끄럽고 안타까운 일이다.

비문은 흉노 시대부터 사용했던 고대 투르크어로 써 있는데 내용이 눈길을 끈다.

> "…중국 사람들의 꿀을 바른 달콤한 말을 믿지 마라. 우리가 얼마나 당한 줄 아느냐?… 성을 쌓고 사는 자는 망할 것이며, 끊임없이 이동하는 자는 흥할 것이다…."

많은 터키 사람들이 이곳에 와서 비문을 보며 눈물을 흘린다고 한다. 또한 이 비문은 투르크의 건국 과정을 이야기하면서 "동쪽 해 뜨는 나라 부쿨리에서 사신이 왔다."는 것을 밝히고 있다. 물론 부쿨리는 고구려를 말한다.

문득 푸른 초원 위로 어린 소년이 날렵하게 말을 달리며 가축을 몰고 있는 것이 보였다. 동쪽의 솔롱고스(무지개 뜨는 나라)에서 온 나그네를 반기는 것만 같았다.

이곳에서 동몽골 칭기즈칸의 고향으로 가기 위해서는 차강호브를 지나야 한다. 이 언덕을 지나는 사람들은 차에서 내려 넷째 손가락으로 술을 각각 세 번씩 튕겨 여행의 안전을 기원한다. 옛날 마시는 술에 독을 타지 않았는지 확인하기 위해 손가락에 은반지

가축을 몰고 있는 소년

차강호브를 건너기 전에 간단한 의식을 행하고 있는 모습

를 끼고 하던 풍습이란다. 로마에 오면 로마법을 따라야 하는 법. 우리도 차례로 의식을 거행했다.

"텡게리(하늘)!" "가자르(땅)!" "민(나)!"

바가 노르(작은 호수)는 케룰렌 강변에 있는 광산지대로 중부 지방의 끝이다. 이곳을 지나면 비로소 동부 몽골이 시작된다. 작은 레스토랑에서 몽골 식단으로 간단한 점심을 하였다. 우유에 소금과 차를 넣어 끓인 수테차를 마시니 드센 초원의 바람에 지친 육체가 다시 살아났다.

헨티아이막부터는 동부 몽골이다. 아이막은 우리의 도(道)에 해당하는 지방 행정조직이다. 케룰렌강의 다리를 건너기 전 톨게이트에서 통행료를 지불하였다. 말이 톨게이트지 수동으로 차단기를 조작하고 영수증도 누런 종이에 손으로 써서 준다. 다리를 건너니 도로도 비포장으로 바뀌었다. 가축 떼가 햇빛에 은빛처럼 반짝이는 맑은 물을 벗 삼아 한가롭게 풀을 뜯고 있는 광경을 바로 옆에서 볼 수 있었다.

오후 4시 무렵 드디어 《몽골비사》가 완성된 허더 아랄에 도착하였다. 《몽골비사》 282절에 다음과 같은 기록이 있다.

> "쥐띠 해 비의 달(7월)에 허더 아랄의 돌로안 볼다크산(7개의 작은 봉우리)과 실긴체크(3개의 여자 젖가슴) 두 지점 사이에 오르도(칸의 궁전)를 세우고 있을 때에 이 책을 써서 마쳤다."

그러나 드넓은 초원에 산들이 모두 비슷한 형태로 완만하게 솟아 있어 아무리 눈을 씻고 봐도 그 지점을 찾는다는 것은 불가능해 보였다. 이 지역을 세 차례나 답사한 박 교수도 마찬가지였다.

할 수 없이 현지인이 사는 게르를 찾아 길 안내를 부탁했다. 마침 길을 아는 노인이 있어 그를 따라 《몽골비사》에 기록된 지점이 한눈에 보이는 산마루로 올라갔다. 꼭대기에 우리나라의 성황당에 해당하는 '오보'가 있다. 주위를 살펴보니 과연 《몽골비사》가 묘사한 형태의 산들이 멀리 마주 보고 있고, 그 가운데 넓은 평야에 케룰렌강과 쳉헤르강이 굽이쳐 흐르고 있었다.

한눈에 봐도 물이 풍부하고 말을 먹일 수 있는 초원이 넓어 수십만 대군이 머물 수 있는 요충지다. 칭기즈칸이 죽은 후 전 세계 정복지에서 돌아온 몽골의 전사들이 이곳에 모여 2년 동안 오르도(칸의 궁전)를 세우고 쿠릴타이(국가의 중요 의사를 결정하는 집회)를 열 만하다. 이 쿠릴타이에서 칭기즈칸의 셋째 아들 어거데이가 몽골 제국의 2대 칸으로 선출되었고, 그의 지시에 따라 몽골의 혼이라 할 수 있는 《몽골비사》가 완성되었다. 그런데 이렇게 중요한 유적지가 홍보는 고사하고 안내 표지판 하나 없이 방치되고 있다니. 끝내 《몽골비사》는 비극으로 마감하려는가!

우리나라의 성황당에
해당하는 오보

푸른 호수의 서약

●　　　　　숙소는 몽골 정부에서 지은 관광캠프였
다. 우리의 유스호스텔이나 콘도로 보면 될 것 같은데 여러 개의
게르를 모아 놓아 제법 몽골의 분위기가 났다. 대부분 2인용 게르
라서 나는 자연스레 다일이와 단둘이 자게 되었다. 멀리 몽골에서
감수성이 한창 예민할 나이의 아들과 같이 자는 것도 잊지 못할
추억이 될 수 있을 것 같았다. 생각 같아서는 밤새껏 이야기꽃을
피워 보고 싶었으나 피곤했었는지 눈을 떠 보니 어느새 어슴푸레
날이 밝아 있었다. 풍성한 빵과 고기에 따스한 수테차로 빈속을
채우고 멍근모리트에 있는 허흐 노르(푸른 호수)를 향해 출발했다.
　캠프를 나서는데 정문에서 여자 종업원들이 줄지어 서서 우유를

게르

차바퀴에 골고루 뿌려 주었다. 여행의 안전을 비는 뜻이란다. 이어서 우유를 그릇에 철철 넘치게 담아 비단 천으로 받쳐 두 손으로 내밀었다. 이것은 환송의 정을 나타내는 것이라고 한다. 어제 배운 대로 우유를 넷째 손가락에 찍어 튕기며 "텡게리(하늘)!" "가자르(땅)!" "민(나)!"를 외쳤다. 왠지 기운이 나는 것 같았다. 아마 옛 몽골의 전사들도 이런 기분이 아니었을까?

먼저 들른 곳은 《몽골비사》 완간 750주년 기념탑이었다. 높이는 2미터가 조금 넘는데 얼마나 많은 사람들의 손길이 닿았으면 두 손과 입이 시커멓게 때가 타 있었다. 기록은 위구르 문자로 쓰여 있었고 통일 몽골을 구성한 여러 씨족과 부족의 문양이 새겨져 있었다.

《몽골비사》 기념탑

초원을 따라 계속 북으로 달렸다. 저 멀리 산과 산 사이에 하얀 연기가 하늘로 솟아오르는 것이 가끔씩 보였다. 신기루였다. 사막의 신기루처럼 초원에서 자주 목격되는 현상이란다. 나중에는 산도 더 이상 나타나지 않았다. 고원지대여서일까? 하늘이 한층 낮아져 초원과 서로 맞닿아 있는 듯하고 그 사이에 구름이 풍성한 살집을 드러내며 묵직하게 누워 있었다. 가도 가도 움직이지 않는 하늘과 구름, 초원만이 존재하는 세계가 끝없이 펼쳐지니 마치 시간이 멈춘 것 같았다. 수시로 쏟아 붓는 비만 아니었다면 차로 이동하고 있는 것을 느끼기 힘들 정도였다. 그런데 대륙의 화폭이 넓어서일까? 한 쪽은 비가 오는데 다른 쪽에는 햇빛이 들고 또 다른 쪽에서는 영롱한 무지개가 계속 뜨고 있었다. 웅대한 자연만이 만들어 낼 수 있는 한 폭의 그림이었다.

오후 1시가 넘어서야 중간 목적지인 토노산에 도착했다. 이 산은 청의 강희제가 북방아시아의 마지막 유목국가인 준가르의 갈단칸을 치기 위해 지나간 곳이다. 몽골의 산들은 대부분 바위가 적고 완만한데 토노산은 그와 다르게 특이한 모습을 띠고 있었다. 미국의 서부를 연상시킬 정도로 크고 기이한 형태의 바위들이 많았다.

토노산에는 주위 산들에 둘러싸인 넓은 분지가 있다. 그곳에 차를 주차하고 밖으로 나가니 거센 바람이 윙윙 소리를 내며 분지를 난폭자처럼 휘젓고 있었다. 조금 후 비를 한두 방울 뿌리나 싶더니 하늘을 내리 쪼개는 듯 천둥이 쳤다. 그런데 그 천둥소리가 공

명효과로 오 분여 동안 분지 안에서 메아리치며 계속 울리는 것이 아닌가? "우르릉…우르릉…" 몽골에 속세를 등진 도인이 있다면 한번쯤은 이곳에 와 봐야 할 것 같다.

캠프로 돌아와 늦은 점심 식사를 하고 허흐 노르로 다시 북상했다. 허흐 노르는 역사적인 '푸른 호수의 서약'이 이루어진 곳이다. 자신과 가족을 지키기에도 벅찼던 청년 테무친이 세력을 규합하여 칸으로 등극한 곳이다. 허흐 노르를 가기 위해선 쳉헤르강을 건너야 하기 때문에 날씨가 관건이었다. 일기예보는 비가 온다고 했으나 다행히 구름이 얕게 깔려 해를 가릴 뿐 비는 뿌리지 않았

새끼 염소를 가슴에 안고 카메라를 향해 포즈를 취한 사내아이

다. 두 시간을 달려 쳉헤르강에 거의 이르렀을 때 먹장구름이 더
이상 무게를 참지 못하고 오 분 정도 비를 내렸다. 여느 때처럼
우박 비였다. 이 정도는 괜찮겠지. 그런데 이게 웬일? 조금 전 내
린 비로 순식간에 불어난 물이 시냇물이 되어 아직 녹지 않은 우
박과 쇠똥 따위를 쓸어 담은 채 빠르게 흐르며 갈 길을 막고 있었
다. 깊이는 그리 깊지 않았으나 흙이 질어서 바퀴가 빠질 수 있는
데다 눈에 보일 정도로 물이 급속히 불어나고 있었다. 지금 건넌
다 해도 돌아오는 것이 문제였다. 주몽처럼 하늘에 있는 칭기즈칸
에게 고하고 거북이를 부를 수도 없는 일이 아닌가? 허흐 노르가
외지고 길도 좋지 않아 쉽게 올 수 있는 곳이 아니었지만 다음에

다시 올 것을 기약하고 발길을 돌리는 수밖에 없었다.

　캠프로 돌아오는 길에 한 유목민의 게르에 들렀다. 말과 소 이외에 염소 삼 백여 마리를 키운다는데 가축 수로 보아 유복한 편은 아닌 듯했다. 아버지와 큰 아들은 다른 일을 하고 있었고 두 여자와 일곱 살 정도로 보이는 소녀가 염소를 50~60마리 단위로 묶어 놓고 젓을 찌고 있었나. 네댓 살로 보이는 사내아이는 새끼 염소 한 마리를 가슴에 안고 카메라 앞에서 제법 진지하게 포즈를 취했다. 수줍음을 띠고 있었지만 눈빛이 맑고 초원을 닮아 강인함을 머금고 있는 것 같았다.

　어느덧 시간이 여덟 시를 훌쩍 넘었다. 지평선이 붉은 노을로 길게 물들고 있었다. 해가 뜨거웠던 몸을 식히며 대지의 품으로 찾아들고 둥근 달이 소리 없이 하늘로 떠오르고 있었다. 초원은 어스레한 어둠에 잠기기 시작했고 말과 소, 양과 염소가 서로 어울려 여유롭게 풀을 뜯고 있었다. 비록 몽골의 자연조건이 엄혹하고 유목이 고달프다지만 이 순간만큼은 밀레의 〈만종〉처럼 평화롭고 아늑한 모습 그 자체였다.

청년 칭기즈칸의 꿈과 희망이
피고 스러진 곳

●   보르기 에르기는 '물안개 피는 언덕' 이
란 뜻이다. 그러나 아름다운 이름과는 달리 칭기즈칸이 신혼 시절
부인 베르테를 빼앗긴 피눈물의 땅이다. 《몽골비사》는 그 사실을
다음과 같이 전하고 있다.

> 케룰렌강의 상류인 보르기 에르기에 숙영지를 정하고 있을 때인
> 어느 이른 새벽에 어슴푸레한 빛이 걷히고 날이 밝아 올 무렵에 일
> 하는 할머니 코아그친이 일어나서 말하기를 "테무친 어머니! 어머
> 니! 빨리 일어나요! 땅이 진동하고 있어요. 말발굽 소리가 들려오
> 고 있어요."_《몽골비사》 98절

…테무친이 한 마리 말에 올라탔다. 어머니 허엘룬도 한 마리 말에
올라탔다…. 한 마리는 종마(從馬)로 삼았다(말은 모두 열 마리였다).
부인 베르테에게는 줄 말이 부족했다. _《몽골비사》 99절

메르키트가 습격했던 시간대에 언덕을 둘러보기 위하여 새벽 4
시 30분에 일어나 게르 캠프를 나섰다. 방한복을 입었는데도 제법
냉기가 느껴졌다. 아들 다일이와 함께 어스름한 어둠을 헤치며 몇
발자국을 걸어가니 높이가 십여 미터쯤 되어 보이는 절벽이 나타
났다. 오랜 세월 밑을 휘돌아 흐르는 강물에 침식되어 이루어진

평화롭게 풀을 뜯고 있는 말들

딱딱한 흙벽이었다. 아직은 물안개가 피어오르는 시간이 아닌 것 같았다. 절벽 아래로 맑은 강물이 유유히 흐르고 있었고, 절벽 위 언덕에서는 둥근 달을 벗 삼아 말들이 평화롭게 풀을 뜯고 있었다. 습격과 약탈의 상흔은 어디에서도 찾아볼 수 없었다.

그러나 초원에서 불어오는 맑고 싸늘한 새벽 공기가 곧 나의 상상력을 일깨웠다.

'눈앞 언덕 위 가까이에 그 옛날 테무친의 게르가 있었겠지. 그의 말들은 지금처럼 저곳에서 풀을 뜯고 있었을 것이다. 그가 달아났던 길은 주변의 지리적 상황으로 보아 캠프 부근을 지나 케룰렌강을 따라 북쪽의 보르칸칼돈산 방향이었을 터다.'

자석에 이끌리듯이 절벽 옆을 돌아 언덕 위로 발길을 옮겼다. 밑에서 볼 때는 언덕이 좁아 보였는데 올라갈수록 드넓은 초원이 시야에 들어왔다. 병풍처럼 외적을 막아 주는 북쪽 언덕, 그 아래 풍부한 물과 넓은 초원, 과연 청년 테무친이 은거하여 힘을 기를 만한 요지였다.

하지만 운명의 날 새벽에 삼 백여 명의 메르키트 전사들은 북쪽 언덕을 우회하여 남쪽으로부터 폭풍처럼 들이닥쳤다. 그들은 테무친의 행복한 신혼을 철저히 유린하였다. 장성한 동생들, 초원의 늑대처럼 용맹하고 영리한 안다(의형제)들과 함께 그려 가던 미래의 희망도 갈기갈기 찢어 놓았다.

어느덧 강에 물안개가 가득 피어나 언덕 주변을 고요히 감싸고 있었다. 도망가는 베르테가 자신의 몸을 숨기기 위해 피웠던 안개인가? 촉촉한 물안개가 나의 마음을 흠뻑 적셨다. 새벽의 난폭한 습격자들에게 끌려가는 베르테의 눈물이 쉼 없이 내 가슴에 떨어지는 듯했다.

아침 식사는 풍성하고 딱딱한 몽골 빵에 어름(우유를 끓인 후 식히면 굳어서 위에 뜨는 고단백 덩어리)과 치즈, 잼이었다. 빵에 어름과 치즈, 잼을 듬뿍 발라 먹었다. 아침 일찍 일어나 활동한 때문일까? 입에 살살 녹았다. 암트테(맛있다)! 식사를 마치고 언덕 강가에서 맑고 차가운 물로 양치질을 하였다.

서서히 떠오르는 햇빛에 보르기 에르기의 눈부신 절경이 한 꺼풀씩 드러나고 있었다. 눈물 어린 안개는 흔적도 없이 사라졌다. 그러고 보니 이곳은 슬픔의 땅만은 아니었다. 웅대한 운명을 열어 젖힌 희망의 땅이기도 하다. 그때 이후 테무친은 절체절명의 위기를 오히려 기회로 삼아 초원의 강자가 되었고, 몽골의 푸른 하늘은 그에게 칭기즈칸의 길을 열어 주었으니 말이다.

다음 행선지는 사아리 케에르(말 엉덩이 초원)에 있는 칭기즈칸의 행궁 터였다. 하지만 네 시간이 넘도록 초원을 헤맸는데도 찾을 수가 없었다. 할 수 없이 현지 게르를 찾아 길 안내를 청했다. 주인은 박원길 교수의 설명을 듣더니 칭기즈칸의 유적인지는 모르겠으나 돌무덤이 있는 곳을 알고 있으니 걱정하지 말고 들어오라고 하였다. 전통 게르 내부를 볼 수 있다니 반가운 일이었다.

우리는 게르에 들어가 몽골 습식대로 각자 자리를 잡고 앉아 준비해 간 위스키를 건네고 김밥으로 점심을 때웠다. 사람 좋게 생긴 주인은 큰 그릇에 말젖술을 가득 담아 내놓고 방금 받은 위스키를 따서 한 잔씩 돌렸다. 따스한 인정이 느껴졌다. 호기심 많은 우리는 그에게 많은 질문을 던졌고, 그는 담뱃대를 물고 순박한 미소를 띠며 시원스레 답을 했다. 한 시간 동안의 대화를 통해 알게 된 한 몽골 유목민의 삶을 정리해 보았다.

이름은 소슬바름으로 63세. 60세인 부인 도돔수름과의 사이에 여덟 남매를 두고 있다. 모두 결혼을 하였고 막내아들만 미혼으로 함께 살고 있는데 현재 일본에 가기 위해 준비 중이며 여자 친구가

몽골 유목민 소슬바름의 게르 안에서

소슬바름 부부와 손자

있다. 사위가 근처에서 철도 건널목지기로 근무하고 있다. 철도 건
널목지기는 안정적인 수입이 보장되어 꽤 좋은 직업이다. 이들은
이곳에 눌러앉은 원주민이 아니라 겨울철이 되면 게르를 걷어 다
른 곳으로 이동할 예정이다. 양과 염소 오백 마리를 기르고 있다.

　오후 3시 10분 현지인 소슬바름을 따라 게르를 나섰다. 그는 가
까운 곳으로 산책을 가듯 가벼운 복장이었다. 그러나 우리를 태운
차는 울퉁불퉁한 돌멩이를 피해 곡예운전을 하며 헐떡거렸다. 한
시간이 넘게 달려 어느 돌무덤 터에 도착했다. 그러나 우리가 찾
던 곳은 아니었다. 그가 다른 무덤을 알고 있다고 하여 다시 삼십
여 분을 더 갔다. 그것도 아니었다. 막막해졌다. 초원은 나무 한 그
루, 큰 풀 한 포기 없이 손바닥만한 그늘도 허용하지 않고 오직 뜨
거운 태양만이 작열하고 있었다. 양들처럼 서로 머리를 들이밀어
더위를 피할 수도 없고, 우리들은 지치기 시작했다. GPS가 있었

으면 좋았을 텐데. 소슬바름도 두 손을 들고 다른 원주민에게 물어보자고 했다. 다행히 십여 분 만에 원주민 게르를 만나 그들의 도움으로 행궁 터를 찾을 수 있었다.

사아리 케에르 행궁은 오랜 세월 비, 바람에 본래의 모습을 찾을 수 없었다. 얼핏 보면 다른 풀밭과 다를 바 없어 일반 사람은 지나치기 십상이었다. 그렇다고 안내판이 있는 것도 아니었다. 아직도 울란바토르에 주소가 없을 정도로 이동 유목의 습관이 남아 있다지만 이런 유적지를 풀밭에 그대로 방치하다니……. 머나먼 남의 나라에까지 와서 톤유크 장군의 비석을 보존하는 터키와 비교된다.

이곳이 칸의 궁전이었음을 어떻게 알 수 있는가? 박 교수의 설명대로 자세히 살펴보니 사각형의 띠 모양으로 흙벽 터가 도톰하게 돋아 있었다. 한 변이 100미터가량 되는 것으로 보아 칸의 게르인 오르도(황제의 궁전)가 분명하다고 한다. 흙벽 안의 한가운데 부분은 네모 형태로 봉긋이 솟아 나와 있었다. 중앙기단이란다.

이 행궁은 칭기즈칸이 금과 서하, 탕구트(오늘날의 티베트)를 귀순시키고 회군한 곳이다. 나중에 한족이 세운 명의 영락제가 만리장성 북쪽으로 쫓겨 간 몽골(북원)을 공격할 때도 이곳에 둔영을 설치하였다. 또한 칭기즈칸이 서하를 정벌하다가 육반산에서 죽은 후 유해를 옮긴 곳도 이곳이었다. 그래서 이곳은 아직까지 밝혀지지 않은 칭기즈칸의 무덤을 찾는 실마리가 될 수 있는 장소이기도 하다.

하지만 그의 무덤을 찾아 무엇하겠는가? 오늘날 풀만 무성한 칸의 궁터를 보면서 상념이 떠올랐다. 정착민의 세계에서 절대 권력자는 사후에 거대세계를 지하에 구축했다. 진시황이 대표적이다. 그러나 그처럼 부질없는 짓이 어디 있을까? 원대한 꿈을 품은 자에게 눈에 보이는 물질은 수단에 불과한 법. 칭기즈칸은 자신의 꿈을 후계자들이 계승하는 것에 만족하고 이 세상에 처음 왔던 모습 그대로 떠나고자 하지 않았을까? 하늘을 가르는 한 줄기 유성처럼, 세상을 쓸어버리는 거대한 바람처럼 말이다.

청년 테무친의 피눈물이 어린 '보르기 에르기'와 칭기즈칸이 되고 나서 그리고 그의 주검이 머물렀던 '사아리 케에르'를 보고 나니 이번 여행의 포만감이 느껴졌다. 첫 몽골 여행으로서는 볼 것은 다 본 것 아닌가 하는 기분이 들었다. 차에 오르니 나른한 만족감이 밀려왔다.

내일은 테렐지 국립공원 휴양지이니 이제부터 편하게 쉴 수 있겠지. 몽골언어학자인 이성규 회장에게 우리말과 같은 몽골말을 물어보았다. (옷 다리는)인두, 바가지, (동, 남)쪽, 사돈, 설, (보는)눈, (마시는)차, (배가 꽉)차다, (오줌)쉬, (아이)응가 …… 비슷한 말도 꽤 많다. 작은(짜른), 송골매(송고르), 닭(타시아), 아빠(아브), 고와(곱다), 보따리(보따), 한(칸)……

↑에르기 시내 시장 ╱에르기 시내 ↓에르기 박물관

그대,
다시 한 번 크게 빛나소서

●   테렐지 국립공원은 몽골 최초의 국립공원으로 울란바토르 시에서 동쪽으로 75킬로미터 떨어져 있다. 아름다운 초원과 산림, 기암괴석에 큰 강을 갖춘 몽골의 대표적인 도시 근교 휴양지다. 특히 여름에는 약용식물을 비롯한 여러 종류의 식물이 자라고 온갖 야생화가 가득 피어 계곡 전체가 식물의 향기로 감싸인다고 한다. 우리가 묵은 텡게링 엘치(하늘의 사신) 캠프는 커다란 돌을 이고 있는 높은 산비탈에 위치하여 공원이 시원스레 내려다보이는 멋진 곳이었다.

아침 식사로 김치찌개, 된장국, 배춧국이 나왔는데 우리나라에서 먹던 맛이 그대로 배어났다. 주방을 맡은 부인이 한국 TV를 보고

테렐지 공원 안에 있는 아리아발링솜(은둔의 절)

이어서 작은 계곡 사이를 연결하는 흔들다리가 나타났다.
서너 명이 동시에 건너면 위험스러운 느낌이 들 정도인데
절에 가기 위해서는 반드시 건너야 한다.
이 절의 창건자는 몽골의 레오나르도 다빈치라 할 수 있는 자나바자르로,
그는 몽골 사람들이 흔들다리를 건너면서
다시는 죄를 짓지 말아야겠다는 생각이 들도록 설계했다고 한다.

요리학원도 다니며 배운 것이라고 한다. 새벽부터 내리던 부슬비가 아침을 먹은 후에도 두 시간 남짓 계속 내렸다. 부슬비는 이곳 동식물에게 축복이라고 한다. 웬만한 비는 지질구조상 곧 흘러내려 가 버리지만 부슬비는 땅을 촉촉이 적시기 때문이다. 비가 그치기만을 마냥 기다릴 수 없어 비를 맞으며 캠프를 나섰다.

테렐지는 앞이 탁 트인 계곡 양쪽으로 산이 이어져 있었다. 산의 밑 부분은 키 큰 잣나무가 제법 울창하게 들어차 있고 그 위로 육질 좋은 바위들이 힘 있게 솟아 있었다. 기암괴석들은 생긴 모양에 따라 갖가지 이름이 붙어 있었다. 낙타바위, 거북바위…… 나무와 큰 바위가 보기 힘든 몽골의 여느 산들과 다른 모습이 이채로웠다.

처음 찾은 곳은 아리아발링솜(은둔의 절)이었다. 박 교수의 안내에 따르면 이 부근은 일반 관광객에게 잘 알려져 있지 않으나 테렐지 절경 중의 하나이기 때문에 꼭 보고 가야 할 곳이란다. 주차장에서 차를 내려 산 중턱에 보이는 절을 향해 오르자 노약자가 숨이 찰 만한 위치에 돌에 새긴 십장생도와 부처님상이 발걸음을 붙잡았다. 간단사나 만주쉬르 사원에서는 볼 수 없었던 것으로 우리나라 산사에서 보는 것처럼 친숙

돌에 새겨진 십장생도

221

하게 느껴졌다.

이어서 작은 계곡 사이를 연결하는 흔들다리가 나타났다. 서너 명이 동시에 건너면 위험스러운 느낌이 들 정도인데 절에 가기 위해서는 반드시 건너야 한다. 이 절의 창건자는 몽골의 레오나르도 다빈치라 할 수 있는 자나바자르로, 그는 몽골 사람들이 흔들다리를 건너면서 다시는 죄를 짓지 말아야겠다는 생각이 들도록 설계했다고 한다. 우리는 어렵지 않게 다리를 건넜으나 실제로 몽골 사람들은 이런 다리에 공포심을 많이 느낀다고 한다. 어쩌면 몽골 사람들은 이 다리를 통해 삶과 죽음, 속세와 피안의 경계를 잠시나마 오가는 것인지도 모르겠다.

다리를 건너 한숨을 돌려 앞쪽 산 아래를 내려다보니 뜻밖의 광경이 눈에 들어왔다. 차를 타고 오면서 볼 때는 분명 거북이 모습이던 거북바위가 Y자 길 한가운데 봉긋이 솟아 있었다. 그런데 박 교수 말대로 그 모습이 영락없는 남근(男根)이 아닌가. 이런 안배를 한 자나바자르의 의도가 무엇이었을까? 문득 신라 시대 〈구지가(龜旨歌)〉가 떠올랐다.

거북아 거북아
머리를 내밀어라
만약 내밀지 않으면
구워서 먹으리라

거북바위

　법당 앞에 백팔 계단이 놓여 있었다. 경사가 급해 허리를 숙이고 한 계단씩 천천히 올라가야 했다. 자세가 숙여지게 되어 저절로 겸손해지는 것 같았고 계단 숫자를 하나씩 세며 오르다 보니 어느덧 일상의 찌든 생각들이 머릿속에서 사라지는 것 같았다.

　법당에 다다르자 안내원인 쿨란이 곧바로 들어가지 말고 주위를 한 바퀴 돌고 들어가라고 주의를 주었다. 그녀의 말대로 왼쪽으로부터 시계바늘 방향으로 108개의 후르드(법의 바퀴, 통을 한 번 돌릴 때마다 경전 한 권을 읽는 것과 같다)를 차례로 돌리며 한 바퀴 돌고 들어갔다. 법당 내부는 정면 가운데 여덟 개의 손을 가진 관세음보살을 배경으로 부처님을 두고 사방 벽에 고승들 사진과 불교의 역사를 그린 불화가 있었다. 간단사나 일본의 절과는 달리 바닥이 마루여서 신발을 벗고 엎드려 절도 할 수 있었다. 분위기가 우리나라 절과 비슷하게 아늑한 느낌이 들어 108배를 하였다.

점심때가 되어 가까이에 있는 한 캠프 식당으로 갔다. 김이 모락모락 나는 허르헉이 나왔다. 양고기를 큼직하게 잘라 감자나 당근 같은 야채, 불에 달군 돌과 함께 양철통에 넣고 뚜껑을 닫은 후 1시간 정도 푹 익힌 몽골식 바비큐다. 입에 살살 녹아 넘어가는 것이 우리나라에서도 인기를 끌 것 같은데 왜 아직 대중화되지 않았을까? 하는 궁금증마저 들었다.

며칠 동안의 몽골 여행에서 가장 많이 본 것은 초원과 말, 양, 염소, 소와 같은 가축이었다. 가축 수가 인구의 10배나 되는 3,000만 마리가 넘으니 그럴 만도 했다. 몽골에 왔으니 당연히 말을 한 번 타 봐야 할 것 같아 목장에 들렀다. 이제까지 말이라곤 과천의 실내승마장 모래연습장에서 몇 발자국을 타 본 것이 고작이라 도우미가 필요했다. 말 위에 올라탄 날랜 모습의 젊은 아가씨가 말을 하나 끌고 와서 나를 태웠다.

탁 트인 초원에서 말을 타는 기분은 과천의 실내 승마장과 비교할 수가 없었다. 비록 도우미가 내가 타는 말의 고삐를 잡고 말이 달리는 속도가 일정 수준을 넘지 않도록 조율하고 있었지만 나의 맥박이 힘차게 뛰는 것이 느껴졌다. 조금만 더 익숙하게 되면 초원 저 멀리 넓은 세계로 달려가고픈 충동이 일어날 것만 같았다. 몽골의 유목민들은 어릴 때 걷는 것보다 말 타는 것을 먼저 배울 정도라니 그들의 핏 속에 흐르는 기상이 강건하고 진취적이지 않

몽골 초원의 가축들

칭기즈칸 동상

을 수 없다는 생각이 들었다.

목장을 출발하여 5분여를 달리면 100인 라마승의 굴이 나온다. 수흐바타르 시절 라마승들을 죽이려 하자 100명의 라마 스님들이 이 동굴 속에 들어가 몸을 숨기고 수행을 했다고 한다.

이어 울란바토르 쪽으로 30여 분을 가니 칭기즈칸 동상이 나타났다. 칭기즈칸이 말채찍을 떨어뜨린 곳이라 한다. 몽골 제국 건국 800주년을 기념하기 위해 2005년 착공하여 2009년 연말을 목표로 마무리 공사를 하고 있었다. 동상은 동쪽을 바라보고 있는데 전체 높이가 40미터로 하얀색의 금속으로 표면을 마무리하여 멀리서 보아도 바로 눈에 들어왔다. 동상의 받침은 3층 건물로 몽골 제국 역사박물관과 외국인을 위한 쇼핑센터가 들어설 예정이고, 동상의 뒤쪽으로 엘리베이터를 타고 말의 머리까지 올라가 주위를 볼 수 있다고 한다. 주변은 과거 세계를 시배했던 몽골 제국의 모습을 재현한 광장으로 조성될 예정이라고 한다.

규모나 내용으로 보아 몽골 정부가 국가 상징물로 조성하는 역점사업임을 알 수 있었다. 아직 완공되지 않았지만 광장은 많은 몽골 사람들로 붐비고 있었다. 그 속에 섞여 칭기즈칸 동상을 배경으로 사진을 찍으며 마음속으로 기원했다. 멀리서도 눈에 잘 띄는 커다란 칭기즈칸 동상처럼 몽골이 크고 빛나는 나라가 되기를. 동상이 동쪽을 바라보듯 그 길을 동쪽에서 찾기를!

예케
몽골 앤 코리아!

울란바토르

● 　　　　　　나는 이번 몽골 여행을 위해 여름휴가 기간 전부를 할애했다. 공무출장이 아닌 최초의 해외여행이기도 하였다. 나로서는 제법 과감한 결정들이었다. 그것은 몽골이 나에게 일반적인 관광의 대상을 넘어선 그 이상의 의미를 갖고 있기 때문이었다. 몽골 여행을 하면서 나는 첫 성지순례를 하는 구도자가 되었다. 신대륙으로 향하는 콜럼버스가 되었다. 역사의 변방을 인류사의 중심으로 바꾸었던 원대한 꿈과 뜨거운 정열, 그와 하나가 되기를 간절히 염원하였다. 그곳에서 우리 미래의 길을 찾으려 했다. 과연 몽골이 우리의 답이 될 수 있는지를 몽골의 푸른 하늘 텡그리에게 묻고 또 물었다.

6박 8일의 일정은 예상대로 빡빡하였다. 낮에는 주소나 이정표도 없고 때로는 길조차 없는 초원을 누볐고 밤에는 군대 야전텐트 같은 게르 캠프에서 차가운 공기를 벗해 잠을 청했다. 그렇다 한들 일주일은 텡그리의 답을 듣기에는 너무 짧은 기간이었다. 이번에 돌아본 지역은 한반도의 7배가 넘는 몽골 땅의 극히 일부다. 가깝게 만난 몽골 사람도 가이드인 쿨란을 비롯해 100명을 넘지 못한다. 그래도 오랫동안 마음속에 담아 두던 것을 드디어 해냈다는 성취감에 흐뭇하였다. 열망하던 첫걸음을 떼었지 않은가!

지금도 내 가슴속에서는 몽골 초원의 바람이 불고 있다. 그때 보고 느꼈던 안타까움, 놀라움, 희망 따위의 조각들이 하늘의 연처럼 날아다니고 있다. 그 중 몇 가지를 적어 본다.

추한 한국인(Ugly Korean)

몽골의 첫 밤을 울란바토르에서 보내고 이튿날 아침 식사를 할 때였다. 식단은 호텔에서 흔히 나오는 간단한 퓨전 뷔페로 즉석요리는 달걀 프라이가 유일하였다. 프라이를 부치고 있는 여종업원에게 하나를 부탁하였더니 자리에 가 있으란다. 그러나 식사를 하면서 아무리 기다려도 달걀 프라이는 내 식탁에 놓여 지지 않았다. 한 중년 한국 남자가 프라이를 달라며 계속 버티고 서 있었기 때문이다. 종업원은 열심히 규정을 설명하고 앞선 주문도 있으니 양해를 해 달라고 부탁하는 것 같았으나 그 남자는 요지부동이었다. 나중에는 다른 두 명까지 합세하여 기어코 달걀 프라이를 가져가는 것이었다. 그것도 세 접시 가득히. 스무 살도 안 되어 보이는 종업원은 얼굴이 빨개진 채 고개를 숙이고 있었다. 결국 나는 프라이를 먹지 못했다.

그들은 한쪽 구석에서 테이블 두 개를 차지하고 컵라면을 펼쳐 놓은 채 자신들만의 흥겨운 아침 잔치를 벌이고 있었다. 미국이나 유럽에서라면 그들이 저렇게 안하무인으로 행동했을까? 아니면 몽골의 고려 침공을 지금 앙갚음이라도 하고 있단 말인가? 자존심 없는 민족은 세상 어디에도 없다. 하물며 이들은 세계를 지배했던 사람들이 아닌가. 문득 선명하게 떠오르는 단어가 있었다. 어글리 코리언(Ugly Korean)!

며칠 후 가이드 쿨란에게 물었다. 몽골 사람들이 한국 사람들을 어떻게 생각하느냐고. 그녀가 대답했다.

"민주화 이후 우리들은 한국에 무척 호감을 갖고 있었다. 원래 중국은 싫어하고 미국은 너무 멀며 일본은 격차가 크다. 그러나 한국은 지리적, 역사적으로 가깝고 혈통적 뿌리도 같은데다 짧은 시간에 경제발전을 이룬 나라다. 정부는 한국의 발전 경험을 많은 부분에 적용하려고 했다. 지금도 전체적으로 그런 흐름은 변함이 없지만 전에 비해 한국에 대해 부정적인 인식이 커진 것이 사실이다."

말젖으로 치즈를 만들고 있는 몽골 소녀들

왜 부정적 인식이 커졌을까?

"몽골에 없었던 좋지 않은 것들을 한국 사람들이 퍼뜨리고 있다. 2003년에는 한 아파트 건설업자가 한국에 살던 몽골인 30여 명의 피눈물 나는 돈을 사기 치고 중국으로 도망갔다. 대학 교실에서 포르노를 촬영하고 버스에 25명을 태운 채 성행위 쇼를 벌이거나 노래방에서 여자와 자다 걸린 일도 있다. 대학 졸업 후 몽골에 있는 한국 회사에 취업한 한 여성이 성추행을 당한 사실이 보도되기도 했다."

나로서는 이런 사건들의 진실 여부를 확인할 수는 없었다. 그러나 최근 몽골의 젊은이들 사이에 배타적 국수주의가 퍼지고 있는 것을 외신에서 자주 볼 수 있다. 그 맥락에서 한국에 대한 부정적 인식이 확대되고 있다는 말이 전혀 틀린 것은 아닌 것 같다.

사실 몽골은 우리에게 특별한 나라다. 그들은 지구상에서 북한 다음으로 우리와 가까운 핏줄이다. 주변국 중에서 서로 결합해도 가장 안심이 되고 도움이 될 환상 궁합이다. 그런데 부정적 인식이라니……. 쓴웃음을 짓는 내 마음을 눈치챘는지 쿨란은 더 이상 나쁜 사례를 말하지 않았다.

몽골 바람의 속삭임

여행을 통해 내가 몽골에 대해 갖게 된 이미지를 떠올린다면 칭기즈칸, 초원과 하늘, 말 그리고 바람이다. 의외로 비가 자주 왔으나 바람은 잔잔했다. 그럼에도 몽골이 바람과 아주 잘 어울린다는 생각이 들었다. 바람은 결코 눈에 보이지 않는다. 그러나 인연이 되면 한 순간에 태풍이 되었다가 인연이 다하면 거짓말처럼 사라진다. 초원에서 말을 달리는 젊은이들을 보면서 태생적으로 이들은 바람이 아닐까 하는 느낌이 들었다. 인류 역사에 홀연히 나타나 모든 것을 쓸어버리고 새로운 동서 통합 문명을 세운 후 다시 초원으로 돌아간 역동성은 한바탕 태풍이었다. 흔적도 없는 칭기즈칸의 죽음에서도 바람의 넋이 느껴졌다.

나는 발길이 머무는 곳곳에서 몽골의 바람을 느꼈다. 그는 계속 속삭이고 있었다.

"한국의 기업가들은 근시안적이다. 단기적으로 돈이 되는 것만 한다. 긴 안목으로는 돈이 보이지 않는가 보다. 중국에 열중하는 것의 백 분의 일이라도 몽골에 투자하면 큰 이득이 될 텐데. 사회 지식층 인사들에게 이런 말을 하면 많은 경우 마치 약속이나 한 듯 똑같은 반응을 보인다. '아직 몽골을 제대로 알지 못하고 감성적으로 접근하는군. 그곳은 땅이 척박하고 기후는 황량하며 인구도 적어. 지하자원이 많다고 하지만 중국을 사이에 두고 떨어져 있어 경제성도 없지.' 라고 말이야. 이제라도 창의적 사고를 할 수는 없을까?"

바람의 속삭임은 계속되었다.

몽골 전통 주거인 게르에 위성 안테나가 설치된 모습

"한국의 해외지원은 전략적 고려가 부족하다. 방치된 몽골의 자연이나 수자원, 역사유적 같은 문화 보전사업을 지원하는 일은 큰 돈 들이지 않고도 몽골에 한국을 깊게 뿌리내릴 수 있는 좋은 방법인데도 열의가 없다. 그 중 역사유적 복원은 한국의 역사와도 관련이 깊어 의미가 크다. 몽골에 대한 비자 발급이나 항공교통, 자원개발 협력과 경제교류의 확대도 보다 적극적으로 검토되어야 한다."

속삭임은 점점 커져 아예 벼락처럼 들리기 시작했다.

"러시아 문자를 빌려 쓰는 몽골에 한글을 수출해라. 그것은 한국역사는 물론 지구촌 전체에 한 획을 긋는 획기적 사건이다. 한자나 영어가 더 퍼지기 전에 빨리 해야 한다. 두 나라 말은 같은 우랄알타이어계로 어순이 같고 낱말도 비슷한 것이 많아 성공 가능성이 매우 높다."

몽골의 경제, 사회적 단면

몽골의 국민소득은 1,500달러 정도로 대체적인 느낌이 1970년대 우리 경제 수준 정도로 보였다. 몽골 정부가 가장 의지하는 나라는 러시아지만 국민들의 일상생활은 중국이나 한국, 일본과 밀접하게 연결되어 있는 것 같았다. 우리가 타고 다니던 승합차 운전기사의 두 아들도 각각 한국과 중국에서 대학에 다니고 있다고 한다.

한국과의 인적교류는 특히 활발하다. 2008년 몽골에 들어온 외국 관광객이 60만 명인데 이 중 약 30%가 한국인이고 나머지가 일본, 중국, 미국, 유럽의 순이다. 한국인들의 주된 입국 목적은 칭기즈칸 관광과 낚시, 선교로 테렐지 공원과 고비사막이 인기가 좋다고 한다. 몽골에 있는 한국 사람은 약 3,500명이며 한국에는 서울의 동대문을 중심으로 3만여 명의 몽골 사람이 살고 있다.

몽골의 도로와 교통

몽골의 자동차는 약 60만 대인데 아반테, 액센트, 크레도스를 비롯하여 대우, 현대 버스 등 한국 차들이 많이 보였다. 한진(HANJIN)과 흥아(HEUNG-A) 컨테이너 박스도 눈에 띄었다. 재미있는 것은 1991년 한국이 수교기념으로 엑셀 20대를 몽골 정부에 기증했는데, 그 후 한국 차의 엔진이 좋다는 인식이 퍼져 겉은 벤

빠르게 현대화되고 있는 울란바토르 시내 전경

츠에 속은 엑셀 엔진을 장착한 자동차가 많아졌다고 한다.

시내에서 운전하는 것을 보면 교통법규를 잘 지키지 않는다. 과속을 하는데다 양보를 하면 지는 것으로 생각하여 절대 양보를 하지 않기 때문에 교통사고가 많다. 자동차 검사는 매년 정부가 지정한 기관에서 하고 다시 정부기관에 가서 세금을 낸 후 검사필증을 받아 유리창에 부착해야 차를 운행할 수 있다. 일본의 시스템과 비슷했다.

길은 대부분 비포장이고 초원에서는 차가 달리면 그것이 곧 길이 된다. 초원의 특성상 가깝게 보이는 길도 실제로는 상당히 먼 거리인데, 만약 길을 잃으면 전봇대를 따라가면 된다고 한다. 울란바토르의 주요 도로는 포장이 되어 있었으나 울퉁불퉁하였고 갓길이 없는데다가 중앙차선은 희미하거나 아예 없는 경우도 있

238

었다. 이런 열악한 길에서 운전대가 왼쪽에 있는 차와 오른쪽에 있는 차가 뒤섞여 달리는 풍경은 서커스 곡예를 하듯 아슬아슬하기까지 하다. 옛 소련의 영향을 받아 전차가 많이 다니고 있는 것은 도시의 공기 질을 개선하는 측면에서 좋아 보였다.

몽골의 발전과 그림자

몽골을 자주 왕래하는 몽골학회 사람들에 의하면 몽골이 최근 눈에 띄게 발전했다고 입을 모은다. 그러나 나는 몽골의 변화 이면에 자리한 그림자를 감지할 수 있었다.

우선 몽골이 소중한 자신들의 지하자원을 제대로 개발하고 있는가 하는 점이다. 몽골은 세계 10대 자원대국으로 석탄, 구리, 우라늄, 형석, 몰리브덴, 석유 등을 풍부하게 보유하고 있다. 광업 분야는 GDP의 30%, 총 수출액의 70% 수준을 각각 차지할 정도로 국가경세에 기여하는 비중이 크다. 최근 세계적으로 자원경쟁이 격화되면서 이곳의 자원도 외국 자본에 속속 넘어가고 있다. 정부도 이에 대응하여 광산 개발 시 자국 지분 확대나 인프라 확충 연계 따위의 대책을 강구하고 있으나 국민들이 우려하는 부분이 많다고 한다. 제값은 정당하게 받고 있는지? 관리들이 떡고물을 챙기지는 않는지? 중국이 고비사막 국경 부근에서 석유를 마구 퍼내어 지반이 내려가고 있는데 자원개발에 따른 국토보전은 제대로 이루어지는지? 등등.

두 번째는 몽골의 자연을 보호하는 문제이다. 이곳은 아직 오염

되지 않은 청정 지역이다. 그러나 기본적으로 비가 적어 지속가능성이 취약하다. 난개발은 다른 나라도 그렇지만 특히 이곳에서는 독약과 같다. 초원은 한번 훼손되면 회복이 어렵기 때문이다. 난개발과 진행되고 있는 사막화를 막고 몽골을 푸르게 만들어야 한다. 중동의 사막도 나무를 키우고 물을 끌어들이고 있는데 이곳은 그에 비하면 여건이 훨씬 좋지 않은가? 정교하고도 창조적인 종합 환경계획이 필요하다.

세 번째는 몽골 고유의 정신적 자산을 지키는 일이다.

"내 자손들이 비단옷을 입고, 벽돌집에서 사는 날 내 제국이 멸망할 것이다." 칭기즈칸이 남긴 유훈이다.

한족을 정복하고 원나라를 세운 그의 손자 쿠빌라이도 황궁 밖에 게르를 세워 놓고 정무를 보지 않을 때는 이곳에서 생활했다. 지금 몽골에 가장 필요한 것은 여기저기 등장하는 칸의 초상이 아니라 그의 진취적 기상, 유목정신을 올곧게 오늘에 맞도록 되살리는 것이다. 빠르게 진행되고 있는 도시화와 세계화의 흐름 속에서 도시의 많은 젊은이들이 말 탈 줄을 모르고 편안함과 향긋함에 빠져들고 있다. 목축을 하는 유목민들도 게르에 위성수신기를 달아 한국 · 일본 · 중국과 미국, 유럽의 방송을 실시간으로 듣고 있다. 물론 경제발전에 따른 이러한 변화는 불가피하거나 바람직한 것도 많다. 하지만 자신들의 유목정신을 아예 잊어버리거나 국가발전의 장애로 생각한다면 안타까운 일이다. 이것이 바로 칭기즈칸이 유훈으로 경계하고자 한 취지일 것이다.

이와 관련하여 박 교수가 던진 말은 매우 시사적이다.

"문화란 우열이 없다. 다만 차이가 있을 뿐이다. 우리가 우열이 있다고 느끼는 것은 객관적인 상황이 어느 문화가 더 적합한가? 주관적으로 문화를 어떻게 활용하고 발휘하느냐의 차이가 있기 때문이다."

그렇다. 개발은 언제든 할 수 있지만 문화는 한번 잃으면 끝이다. 문화는 얼이요, 얼굴이기 때문이다. 인류 역사의 물줄기를 바꾸는 대전환은 항상 이동 유목 문명에서 촉발되었다. 미래의 발전 추세도 정착과 폐쇄보다는 '이동'과 '개방'일 것이다. 몽골은 경제 발전이라는 이름으로 맹목적으로 돈을 쫓기에 앞서 이 사실을 확실히 알아야 한다. 우리가 몸 안에 잠재되어 있는 수렵유목 DNA를 깨달아 가듯이 말이다. 그런 점에서 몽골과 우리는 하나다.

이흐 몽골 올고스 (위대한 몽골의 나라)!
이흐 몽골 앤 코리아 (위대한 몽골과 한국)!

자이산 전망대에서 아들 다일(왼쪽)과 함께

물과 뭍의 방정식

《조선책략》의 허와 실

1880년 제2차 수신사로 일본을 방문했던 예조참의 김홍집(金弘集)은 귀국 길에 조그만 책 하나를 고종에게 바쳤다. 주일 청국공관의 참찬관 황준헌이 지은 《사의조선책략(私擬朝鮮策略)》이었다.

이 책은 조선이 남진 팽창정책을 취하는 러시아에 대응하려면 중국과 친하고 일본과 결합하면서 미국과 연합(親中國, 結日本, 聯美邦)해야 한다고 권고한다. 나라가 부강하려면 서양의 제도와 기술을 배워야 한다는 점도 강조한다.

당시 국제정세에 어두웠던 조선으로서는 눈에 확 띄는 제안이라 할 수 있다. 그러나 조금만 뜯어보면 작성자가 외국인이라는 데서 오는 한계와 함정을 발견할 수 있다. 이 책은 청의 외교정책을 그대로 복사하여 조선에 대입하고 있다. 조선을 노리던 나라가 한둘이 아니었음에도 자신들이 가장 크게 위협을 느끼고 있던 러시아만을 조선의 주적(主敵)으로 상정하였다. 기본 전제부터 오류였던 것이다. 러시아에 대응하기 위하여 청, 일본, 미국과 연합해야 한다는 것인데, 바로 이 부분에 노림수가 있다. 일본은 아직 힘이 충분하지 못하니 미국을 끌어들여 견제하면 된다. 그렇게 되면 결국 조선은 청에 의지할 수밖에 없다. 이처럼 국제 정세를 자신들에게 유리하게 끌어가기 위한 의도가 숨어 있었다.

그러나 이 책은 한반도의 지정학적 상황을 감안하여 주변 4대 강국의 허실을 분석하고 대안을 제시하였다는 점에서 의미가 있다. 무엇보다도 조선 시대를 일관한 대륙 일변도 시각을 탈피하여 대륙 세력과 해양 세력을 종합적으로 진단한 것이다. 당시로서는 커다란 발상의 전환이라 아니 할 수 없다.

조그만 이 책에 대한 조선 조야(朝野)의 반향은 컸다. 조정에서는 찬반 논의가 격렬하게 전개되었고, 재야 유림은 이에 반발하여 영남만인소(嶺南萬人疏)를 필두로 전국적인 위정척사(衛正斥邪)운동을 일으켰다. 그럼에도 이 책은 당시 고종을 비롯한 집권층에게 큰 영향을 주어 국제사회의 역학관계를 파악하고 개방정책을 추진하는 계기가 되었다.

21세기 한반도의 역학관계

130여 년이 지난 오늘날에도 우리가 처한 여건은 그때와 다름이 없다. 단군 이래 이만큼 잘살던 시대가 있었느냐고 말하는 사람도 있지만, 국제적 역학관계는 힘의 절대 크기가 아니라 상대적 차이에 따라 결정된다. 우리가 세계 10위권의 경제대국이라 하나, 상대는 세계 1, 2, 3, 4위의 강대국들이다. 세계에서 가장 많은 인구를 가진 중국, 최대 국토의 러시아, 최고로 정교한 경제체제를 자랑하는 일본, 그리고 최강대국 미국이 한반도를 동, 서, 남, 북으로 둘러싸고 있다. 구한말에는 그래도 나라는 하나였다. 그러나 지금은 허리가 잘린 채 하체만으로 움직이는 반신불수다. 오늘날 지구상에 우리처럼 고달픈 신세에 처한 나라가 또 있을까? 생각이 여기에 이르면 등에 식은땀이 흐른다.

한반도 생존의 두 변수

이제 우리는 '21세기 조선책략'을 새롭게 써야 한다. 남이 아닌 우리 손으로, 8000만 겨레의 생존과 번영을 담보할 국가전략을 세워야 한다. 그리고 그 답은 우리가 세계 최대의 아시아 대륙과 태평양이 맞닿는 반도에서 살고 있다는 사실에서 출발해야 한다.

대부분의 반도국가가 그렇듯이 우리에게 대륙과 해양은 칼날의 양날과 같다. 잘 다루면 약을 만들어 낼 수 있지만 자칫 실수하는 날에는 몸을 해친다. 때문에 우리의 생존문제는 기본적으로 대륙과 해양이라는 두 변수의 관계방정식으로 풀어 갈 수밖에 없다. 이는 오랫동안 우리 역사를 관통해 오던 핵심 코드다. 조선이 나라를 잃은 것도 알고 보면 대륙 세력과 해양 세력 간의 힘의 변화를 기민하게 포착하여 능동적으로 대응하지 못한 결과라 할 수 있다.

지금 동북아시아에서 대륙 세력과 해양 세력은 팽팽한 힘의 균형을 이루고 있다. 지리적으로 볼 때 우리에게 대륙 세력은 중국, 러시아, 몽골이고 해양 세력은 일본과 미국이라 할 수 있다. 이들이 비슷한 힘의 분포를 보이는 한 우리는 지리적 이점을 살려 조정자로서 중심적 역할을 할 수 있다. 만약 이 힘의 균형이 깨지고 어느 한쪽이 현저한 우위를 점하게 된다면 우리의 처지는 매우 어렵게 된다. 새로 우위에 선 세력으로부터 일방적 순응을 강요받을 수밖에 없기 때문이다.

대륙과 해양의 전략적 조화

지금처럼 대륙 세력과 해양 세력이 맞서 있는 때에는 대륙화합(大陸和合), 해양연결(海洋聯結)을 통해 양대 세력이 균형을 이루도록 만들어야 한다. 우선 중국과 러시아와는 우리나라와 그들 모두가 서로에게 이익이 되도록 어울려야(和) 한다. 그러나 결코 동화되지 않도록 유의해야 한다. 말하자면 화이부동(和以不同)이다.

몽골과는 하나가 되어야(合) 한다. 몽골은 우리에게 매우 중요한 전략적 국가다. 인구가 적고 경제적으로 취약하다고 해서 소홀히 여긴다면 어리석은 짓이다. 오히려 이럴 때 그들과 튼튼한 신뢰를 쌓아야 한다. 핏줄도 같은 두 나라가 서로 합해 하나가 된다면 몽골과 우리 모두에게 큰 도움이 된다. 뿐만 아니라 중앙아시아 -탄, -탄, -탄의 국가들에서 터키까지 투르크족 국가 전체를 품을 수 있는 발판이 될 수 있다.

해양 세력인 미국과는 굳게 손을 잡아야(聯) 한다. 좌익과 우익 따위의 가치관에 따라 여러 시각으로 미국을 볼 수 있으나 유념할 것이 하나 있다. 주변 4대 강국 중에서 우리에게 상대적으로 욕심이 가장 적은 나라는 미국일 수밖에 없다는 점이다. 왜냐하면 그들은 우리와 지리적으로 제일 멀리 떨어져 있어 동북아의 이해관계에 보다 더 자유로울 수 있기 때문이다. 때문에 미국과 동맹을 굳건히 하여 다른 나라들을 움직일 수 있는 지렛대로 삼아야 한다.

이웃 일본과는 서로 뭉쳐야(結) 한다. 두 나라 사이에 남아 있는 앙금은 미래 대의를 위해 발전적으로 승화시키는 태도가 필요하다. 일본의 입장에서도 핏줄로나 국가 크기로 보나 지구상에서 마음 편하게 자신들과 가깝게 지낼 수 있는 나라는 바로 한국일 것이다. 일본이 이를 깨닫지 못하고 독도 문제나 식민 지배의 합리화에 연연한다면 소탐대실(小貪大失)이라 하지 않을 수 없다.

오천 년 우리 역사를 돌이켜 볼 때 대륙과 해양을 두루 균형 있게 아우른 시대는 번영을 구가하였다. 고구려가 그렇다. 반면 오직 대륙만 추종했던 조선은 쇠락의 길을 걸었다. 특히 대륙 세력과 해양 세력의 힘이 서로 팽팽하게 맞서 있을 때가 가장 위험하고 중요한 순간이다. 임진왜란과 대한제국에서 보듯 그때마다 우리는 매우 어려운 상황을 맞이하였기 때문이다.

지금도 대륙과 해양이 그때처럼 대등한 힘으로 부딪히고 있다. 단편적이고 즉흥적으로 대응해서는 안 된다. 고차원적인 전략 방정식이 필요한 시점이다. '대륙과 화합하고[大陸和合], 해양은 연결하는[海洋聯結] 방안'은 우리의 지속가능한 발전을 위해 유효한 접근이 될 수 있다.

글로벌 시대의 정치·경제·사회·문화적 이해관계는 매우 다양하고 시시각각 변한다. 그럴수록 눈앞의 작은 이익에 매달리지 말고, 길게 보고 크게 생각해야 한다. 다행스럽게 지금 우리는 조선과 달리 어느 정도 자위력과 경제력을 가지고 있지 않은가? 앞으로 우리가 대륙과 해양의 거센 바람에 추락하는 미세한 반딧불이 될지, 그들을 환하게 비추는 등대가 될지는 우리가 하기 나름이다.

히딩크의 리더십

그 옛날 박연과 하멜이 이 땅에 심은 인연의 꽃이 핀 것일까? 그들의 후손인 거스 히딩크가 이끈 축구 국가대표팀 코레아호는 새 천년의 막을 여는 21세기 첫 월드컵에서 순풍에 돛 단 듯 달려 나가 대한민국을 전 세계에 알렸다. 이 푸른 눈의 외국인이 어떻게 우리에게 이런 기막힌 선물을 안겨 줄 수가 있었을까?

조선 인조 6년(1628년) 네덜란드인 벨테브레(Weltevree)가 일본에 있던 동인도 회사로 항해하던 중 동료 2명과 함께 제주도에 표류하였다. 그는 이름을 박연(朴淵)이라 고치고 훈련도감에서 조선군에게 대포 제작법과 사용법을 가르쳤다. 나중에는 조선 여자와 결혼하여 남매를 두고 결국 조선에 뼈를 묻었다.

효종 4년(1653년)에는 하멜(Hamel) 일행 36명이 역시 일본으로 가다가 제주도에 표류하였다. 중국 청나라를 정벌할 열망에 불타고 있던 효종은 하멜 일행에게 벼슬을 주고 훈련도감에 배치하여 신무기를 개량하도록 하였다. 그 후 효종이 죽자 하멜은 네덜란드로 탈출하여 《하멜표류기》를 지어 미지의 나라 한국을 처음으로 유럽에 알렸다. 이 책은 프랑스어판, 독일어판, 영어판이 경쟁적으로 출간될 만큼 선풍적 인기를 끌었다.

히딩크 리더십의 특징

그로부터 300여 년 후 히딩크는 이 땅에 선진 축구기술을 접목하여 위대한 신화를 창조하였다. 평생 축구를 사랑하고 살 거라며 눈물을 글썽이던 어느 소녀의 말처럼 대한민국의 모든 사람이 축구를 좋아하게 되었다. 어디 축구뿐이겠는가? 우리 국민 모두가 지역과 세대, 계층 간의 갈등을 넘어 즐거운 일로 하나가 되는 근세 이래 초유의 경험을 하였다. 나라 전체가 감격에 출렁거리고, 변화와 자신감의 에너지에 휩싸였다. 유사 이래 어느 외국인이 이만큼 우리 국민들의 절대적인 사랑을 받은 적이 있었던가?

뛰어난 개인 역량은 국적과 인종을 초월한다. 히딩크는 네덜란드, 스페인, 터키 등 여러 나라에서 오직 자신의 능력 하나에 의지하여 축구 감독으로 치열한 승패의 줄타기를 해 온 승부사다. 그만의 뛰어난 리더십을 발휘하여 지속적인 성공 스토리를 써 왔던 전문 경영인이다. 특히 우리가 그의 리더십에 주목해야 하는 이유는 지금까지 맡은 팀마다 화려한 성적을 거두었기 때문이기도 하지만, 그가 국적을 가리지 않고 여러 나라의 팀을 맡았었다는 사실이다. 그만큼 그의 리더십은 보편타당성이 있고 그래서 경쟁력이 있다.

리더십은 목표를 달성하기 위해 조직을 이끄는 지도 방식을 의미한다. 그러나 리더십은 우리가 일반적으로 생각하듯 공식 조직에서 상사가 부하를 지휘하는 것만을 뜻하는 것은 아니다. 우리의 일상생활이 이루어지는 가정에서 직장, 사회, 국가에 이르기까지 리더십은 다양한 형태로 존재한다. 심지어 가치 있는 삶을 살기 위하여 우리 모두는 자기 자신에게도 리더십을 행사해야 한다. 그런 점에서 리더십은 조직의 운영 원리인 동시에 국민 삶의 방식이요 국가를 움직이는 운영 소프트웨어라 할 수 있다. 따라서 경쟁력이 있고 보편타당성이 있는 그의 리더십을 사회 곳곳에 적용·발전시켜 나갈 필요가 있다. 우리 삶이 윤택해지고 조직의 생산성이 높아지며 국가의 경쟁력이 강화될 것으로 기대되기 때문이다.

하나_ 목표 설정 능력

그의 리더십의 특성은 크게 6가지로 나누어 볼 수 있다. 첫째, 목표설정(Goal Setting) 능력이다. 병을 고치려면 우선 진단이 정확해야 한다. 그동안 한국 축구에 대하여 국내 전문가들은 체력은 괜찮은데 기술이 부족하다고 말해 왔다. 그러나 히딩크는 정반대의 진단(Situation)을 내렸고, 사실상 그의 성공은 여기서 비롯되있다고 볼 수 있다.

그가 그린 한국팀(Vision)은 체력을 앞세워 끊임없이 조직적으로 움직이며, 빠르고 파워 넘치는 공격적인 팀이었다. 이를 위하여 선수들의 입에서 단내가 날 정도로 강도 높은 체력훈련을 실시하는 한편, 포백 시스템과 지역방어와 같은 과감한 전략(Innovation Planning)을 처음으로 시도하였다. 오늘날 삼성전자가 세계적인 IT기업이 된 것도 고 이병철 회장의 반도체 사업에 대한 통찰과 과감한 투자가 있었기에 가능했던 일이다. 현실을 있는 그대로 직시(Situation)하고, 미래를 꿰뚫어 목표를 그리는(Vision) 통찰력이야말로 지도자의 첫째 덕목이다. 말하자면 리더십을 구성하는 첫 단추라고 할 수 있다.

둘_ 인재 발굴과 관리 능력

둘째는 사람을 바로 쓰는 것(Personnel)이다. 인사는 만사(萬事)지만, 자 칫하면 망사(亡事)가 되기 쉽다. 그는 선수를 뽑고(Acquiring) 기용하며 (Position) 평가함(Appraising & Rewards)에 일체의 지연이나 학연, 혈연, 인기와 과거의 경력을 배제했다. 오직 현재의 실력과 앞으로의 가능성 이라는 잣대를 모두에게 공정하게 적용하였다. 박지성, 김남일, 최진철, 이을룡 등은 그 잣대에 따라 발굴된 명품이었다.

공정한 인사야말로 이 시대를 살아가는 우리 모두의 화두다. 왜냐하 면 한국 사람 어느 누구도 공정성을 가로막는 여러 줄로부터 자유롭지 못하기 때문이다. 우리 사회는 좁은 땅에 많은 사람이 살다 보니 여러 줄을 이리저리 쳐 놓고 내 편, 네 편을 가르려 한다. 혈연, 지연, 학연, 경력, 그것도 모자라 최근에는 종교까지 등장한다. 히딩크는 이 줄을 끊 고, 그 결과가 어떻게 달라지는지를 생생하게 보여 준 것이다.

셋_ 기본과 원칙에 충실한 자세

셋째, 원칙과 기본(Base)에 충실한 것이다. 잔기술보다는 기본기와 체 력을 우선하였고, 모든 일정을 눈앞의 평가전 승패를 떠나 월드컵 본선 경기에 맞추었다. 그리고 훈련은 즐겁게 하고 규율을 엄히 하여 지루함 이나 나태함이 생기지 않도록 하였다. 일을 하는데 기본적으로 요구되 는 전문성(Profession)과 마음 자세(Moral Passion), 즐거움(Enjoy)의 3박자 를 우직하리만치 꾸준히 밀어붙였다.

차근차근 기본을 다지지 않고는 높은 건축물을 지을 수 없다. 일본의 경우 축구협회에서 축구발전 100년 계획을 1990년대 수립하여 지금까지 실천하고 있다고 한다. 100년은 그 계획을 세운 사람이 죽고도 남는 긴 기간이다. 만약 우리나라에서 100년 단위 계획이 발표되있다면 그 반응이 어떠하였을까?

넷_ 통합 능력

넷째, 통합(Unification)하는 능력이다. 여러 포지션을 소화할 수 있는 멀티플레이어, 생각하는 축구, 이길 수 있다는 자신감 고취를 통해 팀의 전력을 극대화하였다. 즉 부서 간의 벽을 없애(Boundless & Field) 정보의 흐름과 일체감을 높이고 개개인의 창조성(Creativity)과 사기를 극대화 (Maximization of Morale)하여 선수들이 가지고 있는 역량을 최대한 발휘할 수 있도록 하였다.

다섯_ 확고한 신뢰

다섯째, 확고한 믿음(Beliefs)이다. 선수와 감독 그리고 선수들이 서로 신뢰로 맺어지지 않고는 아무리 개개인의 능력이 걸출하더라도 강팀이될 수 없다. 히딩크는 나이가 많든 적든 선수끼리는 경기 중이나 밥을 먹을 때 무조건 반말을 하도록 하였다. 선후배를 따지는 수직적 문화에 익숙해 있는 선수들로서는 황당할 만한 지시였을 것이다. 모두들 머뭇거리고 있을 때 막내그룹이었던 김남일이 정적을 깨고 나섰다. "명보야 밥 먹자."

당장 패스를 하고 골을 넣어야 하는 긴박한 축구 경기에서 선배를 어려워해서 말을 못하고, 말을 하더라도 경어를 써야 한다면 상호 의사소통이 안 되어 경기력이 현저히 떨어질 것은 뻔한 일이다. 그는 이를 꿰뚫어 보고 단체 행동을 할 경우에는 반말을 하도록 한 것이다. 이를 통해 선수들은 승리를 위해 서로 소통하고 신뢰하며 한마음이 되어 갔다. 박지성이 포르투갈전에서 골을 넣은 후 히딩크에게 달려가 안기는 모습은 믿음이 무엇인지를 진한 감동으로 보여 주고 있다. 그때 박지성의 기쁨도 기쁨이지만 리더로서 히딩크는 얼마나 행복했을까! 리더라면 마음에 깊이 새기고 틈 날 때마다 떠올려 봐야 할 명장면이다.

여섯_ 환경 대처 능력

여섯째, 환경(Environment)을 이용하는 능력이다. 바람 없이는 돛단배가 나아갈 수 없다. 솜씨 좋은 사공이 바람과 물결을 살피며 배를 젓듯이, 뛰어난 지도자는 주변 환경을 분석하고 이용하며 만들어 갈 줄 알아야 한다. 그는 여러 정보를 수집하고 분석하는 능력과 비난에 대처하면서 팀을 적절히 홍보하는 정치력을 보였다. 단순한 축구 기술자가 아니었다.

히딩크 리더십의 진정한 가치

그가 이루어 낸 결과는 위대하다. 비록 홈 그라운드였지만 세계 축구의 변방에서 불과 1년여 만에 세계 4강에 올랐으니 말이다. 그러나 그 멋진 결과에만 눈길을 준다면 진실로 소중한 보석을 놓치는 일이다. 그 것을 가능하게 한 그의 탁월한 리더십에 주목해야 한다. 그의 리더십에 배어 있는 개방과 경쟁, 통합의 인자를 크게 볼 수 있어야 한다. 그의 리더십이야말로 단순한 선수관리나 경기전략 개발의 차원을 넘어 가히 예술이라 할 만하지 않은가? 재미있는 것은 그 특성이 칭기즈칸 리더십과 맥을 같이한다는 사실이다. 그렇다고 그의 리더십이 전혀 새로운 것은 아니다. 대부분 우리가 이미 알고 있었고, 누구라도 자신의 처지에 맞추어 실생활에서 실천할 수 있는 사항들이다. 이것이야말로 히딩크 리더십의 진정한 가치일 것이다.

4 ^부
동서 문명이 넘나드는 바다, 지중해

- 스페인
- 이집트
- 터키
- 이탈리아

- 흐르는 게 어디 물뿐이겠는가
- 최남선의 바다를 보라
- 대한민국 운명을 여는
  세 가지 열쇠

문명의 바다에
짐을 풀며

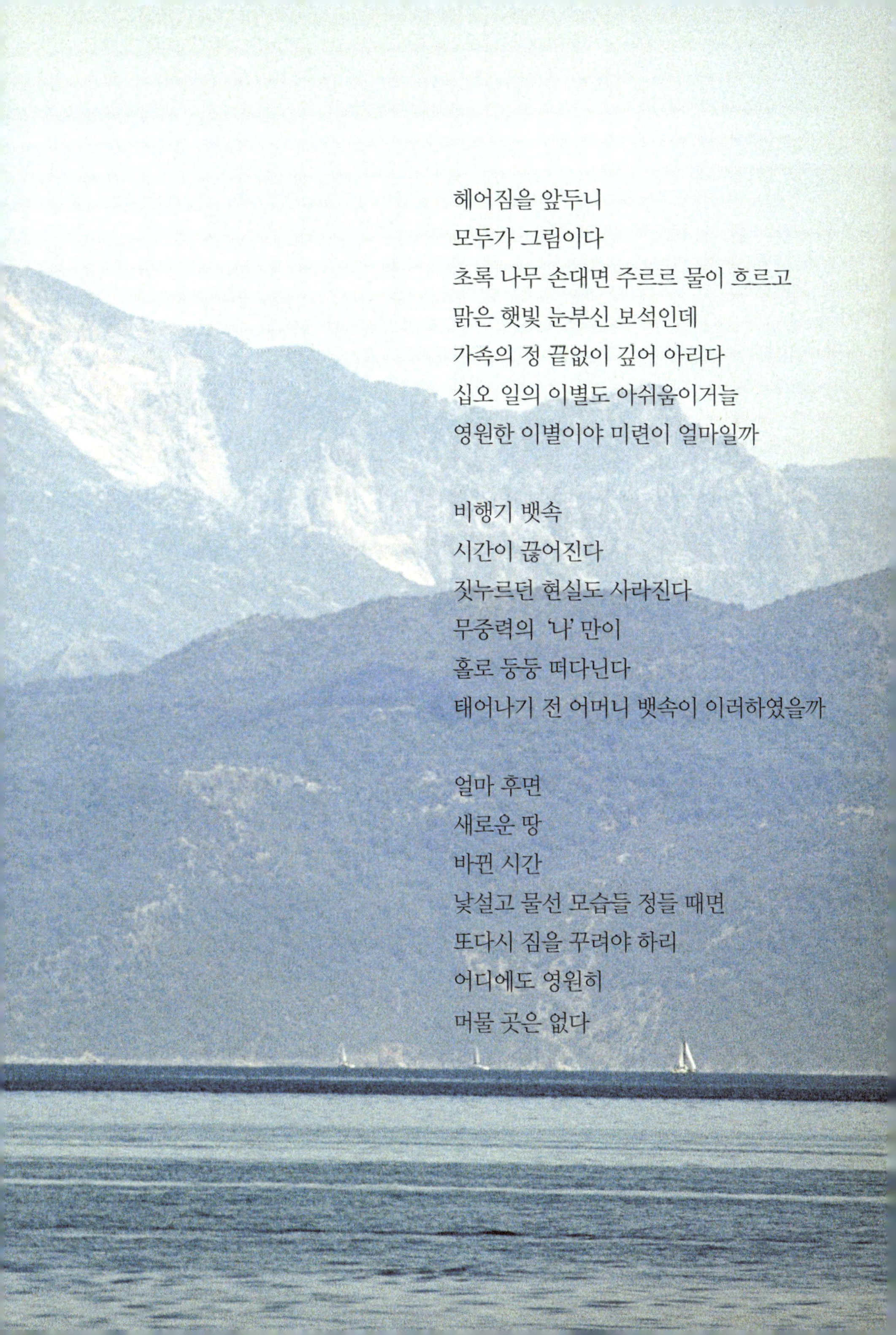

헤어짐을 앞두니
모두가 그림이다
초록 나무 손대면 주르르 물이 흐르고
맑은 햇빛 눈부신 보석인데
가속의 정 끝없이 깊어 아리다
십오 일의 이별도 아쉬움이거늘
영원한 이별이야 미련이 얼마일까

비행기 뱃속
시간이 끊어진다
짓누르던 현실도 사라진다
무중력의 '나' 만이
홀로 둥둥 떠다닌다
태어나기 전 어머니 뱃속이 이러하였을까

얼마 후면
새로운 땅
바뀐 시간
낯설고 물선 모습들 정들 때면
또다시 짐을 꾸려야 하리
어디에도 영원히
머물 곳은 없다

스페인은
행복하다

눈 덮인 알프스를 코끼리 타고 넘은 한니발이

로마 정벌의 웅지를 키우던 곳

일찍이 자신들의 땅을

로마와 게르만의 한 갈래인 서고트족 그리고 사라센에

내 주었던 역사의 변방

이슬람을 아프리카로 몰아내고 식민지를 개척하면서 기지개를 켜더니

대서양에 무적함대를 띄워 전 세계의 재물을 쓸어 담았다.

부자 3대를 간다고 했던가?

스페인은 훌륭한 조상 덕에 오백 년 후손이 먹고 산다.

거꾸로 우리 조상은

있던 재산 다 날려 버린 것은 아닌지
가난한 어린이는 부잣집 친구를 보고 부럽기만 하다.

아름다운 알람브라 궁전에서 이탈리아 제노바 출신 콜럼버스가
이사벨라 여왕에게 말했다.
"지구는 둥그렇습니다. 서쪽이 아닌 동쪽 바다로 계속 나가도
인도가 나옵니다. 그곳의 황금을 모두 바치겠습니다."
주위 신하들이 막고 나섰다.
"그는 사기꾼입니다."
여왕은 신념에 불타는 콜럼버스의 눈에 베팅을 하였다.
사재를 털어 배 두 척을 마련해 주니

알람브라 궁전

↑ 토로스 광장
← 콜럼버스 동상
→ 돈키호테 동상
↓ 스페인 광장

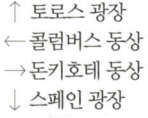

위대한 벤처 투자자이자 유럽 주도의 새로운 세계사를 열었다.

스페인에겐 행운의 여신이다.

콜럼버스는 신대륙을 발견하고 종신 총독이 되었으나

그곳에 황금은 없었으니

대신 수많은 원주민들을 노예화하고 학살하면서

네 차례를 항해하다가 총독에서 해임되고

불우한 말년을 보내며 절규한다.

"죽어서도 결코 스페인 땅을 밟지 않으리라."

그러나 오늘날 스페인 사람들은 수도 마드리드 한복판에

그의 동상을 세워 놓고

콜럼버스야말로 오늘의 스페인을 있게 한 가장 큰 은인이라고 기린다.

마드리드의 스페인 광장에는

돈키호테와 그를 창조한 세르반테스 동상이 있다.

스페인이 내세우는 인물은

팔백 년간의 이슬람 지배를 끝내고 국토를 통일한 이사벨라 여왕이나

무적함대로 세계 제국을 건설한 필립 2세가 아니다.

풍자적 허구인물인 돈키호테와 그를 만들어 낸 한 소설가다.

세계 사람들은 스페인 왕이나 정치인은 잘 몰라도

풍차를 향해 돌진한 라만차의 돈키호테는 안다.

그래서 그들은 이곳에 와서 꿈을

나누고 간다.

콜럼버스가 새겨진 스페인 지폐

261

스페인은 대표적인 가톨릭 국가다.

이슬람에 빼앗긴 국토를 십자군 정신으로 회복하였고

가톨릭의 깃발을 앞세워 유럽과 아메리카의 드넓은 식민지를 다스렸다.

오늘날 역사는 말하고 있다.

아메리카 원주민을 야비하게 짓밟고 살육한 것은

스페인 가톨릭의 어두운 그림자라고

그러나 오늘도 그들은 열에 아홉이 성당에 마음을 묻고 있어

단일 종교로 무장된 이슬람 국가가 무색할 정도이고

헌금도 많아 로마 교황청이 좋아한단다.

그래도 숨 쉬는 공기가 발랄하고 자유로운 것은

오랜 세월 지나며 가톨릭이 원숙해지고 종교와 정치가 분리된 데다

국민성이 낙천적인 때문이리라.

역사를 아끼고 사랑하고 싶으면 먼저 스페인을 와서 보아야 한다.

기원전 고대 로마 시대 이전으로 거슬러 올라가는 톨레도(Toledo).

찰톤 헤스톤이 주연한 영화 〈엘시드〉의 무대로 유명한 곳이다.

로마와 이슬람 그리고 가톨릭이 함께 있어 관광객이 물밀 듯하지만

현대식 호텔 하나 없고

낮고 작은 건물들이 수백 년 나이를 드러내며 향취를 내뿜으니

현대가 아닌 중세 유럽의 도시에서 거닐고 있는 것 같은 착각이 든다.

역사는 말로 자랑하는 것이 아니라

행동으로 지키고 가꾸는 것임을 보여 준다.

톨레도 전경

톨레도 성당

유네스코가 도시 전체를 세계문화유산으로 지정할 만하다.
시장도 허름한 옛 가옥에서 일한다는데
이곳에는 도시 재개발이나 재건축도 없는가?
틈만 나면 부수고 새 집 짓기 좋아하는 우리나라 부동산 사업자도
이곳에선 굶어 죽기 딱 알맞다.

스페인 사람들은 밤늦게까지 놀고
낮에는 긴 낮잠(시에스타, Siesta)을 즐긴다.
밝은 대낮 큰 길에서도 남녀의 애정표현에 크게 숨김이 없고
지나가는 사람들도 고개 돌려 다시 쳐다보지 않는다.
내가 보는 투우 경기 멋있으면 되고, 응원하는 축구팀이 이기면 되지
입장권이 수백만 원 하는 투우 축제나
레알 마드리드 축구 보러 가는 다른 사람을 헐뜯지 않는다.
퇴근 시간 되면 민원인이 줄을 서 있어도 공무원은 서류를 덮고
가게 문 닫을 시간 되면 손님이 있어도 주인은 문을 닫는다.
일하는 목적이 바캉스를 즐기려 함인데 당연하지 않은가?

그래도 한때 전 세계를 호령했으니 배울 점이 적지 않은 나라다.
민족이나 유명 인물의 이동로를 꼼꼼히 조사하여 개발하고
고대 로마 유적을 보존하기 위해 로마에 사람을 보내 배우기도 하였다.
지중해 해변에 멀리서 모래를 날라다 부어
강렬한 태양 아래 길고 넓은 황금빛 모래 해변을 만들었다.

왕실과 기업이 기금을 만들고 여름 대학 코스를 개설하여
외국 젊은이를 무료로 유치하고
국민은 난개발보다 옛것을 보존하는 가치를 안다.
가우디 같은 천재가 나와
외국인 관광객으로 발 디딜 틈이 없는 구엘 가족공원을 만들고
수백 년 후 완성을 목표로 가우디 성당을 짓고 있으니
장기적인 안목에 부러움을 넘어 기가 질린다.
세계 두 번째 관광대국이 그냥 되는 것이 아니다.

스페인 사람들은 소득과 주관적인 만족감을 모두 포함한 행복지수가
세계 다섯 번째로 높다.
평균수명도 82세로 유럽에서 가장 오래 산다.
이곳 사람들은 바로 이렇게 자신들이 즐겁고 행복하기 때문에
매년 자기네 수보다 더 많은 외국 관광객에게
즐거움과 행복을 선물할 수 있다.
지중해처럼 맑은 눈빛과 작렬하는 태양과도 같은 뜨거운 정열을
함께 나눌 수 있다.

↑가우디 성당 ↓구엘 가족공원

이집트

나일강에
띄우는 편지

● 　　　　　　　　　인류 문명의 새벽을 연 나일강이여!

사람들은 누구나 죽음을 두려워하고 싫어합니다. 그러나 죽음이
있기에 삶이 더욱 아름답고 소중하듯, 불모의 사하라를 품고서도
항상 기름지고 푸른 젊음을 지닌 당신은 그래서 더욱 매혹적입니
다. 만 년 전까지 북아프리카 지역은 풀이 무성한 초원이었죠. 그
후 사막화되어 가면서 사람들이 생명의 물을 찾아 늘 푸른 당신에
게 몰려들기 시작하였습니다. 수많은 사람들이 당신의 품 안에서
쉴 그늘을 찾고 살 집을 지으며 먹을 식량을 얻었으니 당신은 이
집트 문명의 탯줄이요 젖줄이었습니다.

　당신은 저 멀리 적도 아프리카의 빅토리아호에서 태어나 아프리

이집트 카이로의 도심을 흐르는 나일강의 밤은 과연 고혹적이었다.
작열하는 태양과 황량한 사막이 어둠 속으로 사라지자
건조한 공기에 물기가 묻어나면서 새롭게 힘이 솟아났기 때문일까?
이집트의 다른 곳과 달리 번쩍이는 강변 네온사인에 출렁이는 알몸을 드러낸
나일강을 바라보며 동료들과 나누는 시원한 생맥주 한 잔의 맛이 기가 막혔다.
한 잔, 두 잔… 왠지 나일강은 다른 강과는 다른 묘한 향기가 느껴졌다.
그 향기에 내 영혼이 흠뻑 취했다.
사하라 사막의 모래 바람과도 같이 밀려드는 상념의 포로가 되고 말았다.
이곳에서 밤을 새워서라도
나일강의 부드럽고 풍만한 가슴에 안겨 촉촉한 숨결과 넘실거리는 관능에
입맞춤하며 인류 오천 년 역사의 신비를 한 꺼풀씩 벗겨 보고 싶었다.
이내 내 마음은 춤추듯 넘실거리는 나일강 물에 편지를 띄우고 있었다.

카 중부 고원을 구석구석 찾아다니며 비옥한 자연퇴비를 실어 와 매년 7월에서 10월에 걸쳐 범람합니다. 사람들이 간단한 도구로도 쉽게 땅을 파서 농사를 지을 수 있도록 기름진 델타 대평원을 선물한 것입니다. 상형문자에 '비'를 나타내는 단어가 없을 만큼 평생 비를 거의 구경하지 못했던 사람들이 사실상 비의 은총을 가장 많이 받았으니 참으로 대자연의 뜻은 오묘하다고밖에 설명할 수 없습니다. 당신이 베풀어 놓은 풍요의 땅은 동서로 사막, 남북으로 에티오피아 정글과 바다가 사방으로 병풍을 치고 있어 밖에서 적이 침입할 수도 없었습니다. 태양과 당신의 은총이 고대 이집트인에게 예비되어 있던 셈이지요.

이집트인들은 자신들의 땅을 '검은 땅의 나라'란 뜻에서 케미(KEMI)라 불렀고, 다른 나라를 '붉은 땅의 나라'라 하여 경멸하였습니다. 배타적인 우월감을 뽐내는 중화사상(中華思想)은 중국에만 있는 것이 아니었습니다. 그러나 그리스와 로마 사람들이 이집트 문명을 처음 접하고 영감을 얻어 많은 것을 배울 때까지 무려 이천 년 동안을 번성하였으니 그 말이 크게 무리는 아닙니다. 그로부터 다시 이천여 년이 지난 오늘날 우리가 그리스와 로마 문명에 감탄하고 있으니 역사의 도도한 흐름에 절로 고개가 숙여집니다. 그리스와 로마 문명이야말로 지금의 세계 문명을 주도하고 있는 유럽 문명의 근원일진대 나폴레옹이 이집트를 왜 그렇게 동경했었는지 그 이유를 알 듯합니다. 뿌리 찾아 할아버지를 만나러 가는 손자의 심정이 아니었을까요.

　로마의 영웅 카이사르와 안토니우스가 당신의 딸인 클레오파트라의 치마폭에 무릎을 꿇은 것도 그녀의 아름다움 때문만은 아니라는 것을 짐작하게 되었습니다. 당신이 수놓은 화려한 역사와 죽음의 사막에 대비되는 짙푸른 생명의 신비하고도 관능적인 유혹에 뜨거운 혼을 가진 사람이라면 어느 누가 태양처럼 불타지 않을수 있겠습니까? 시원한 맥주를 들이키는데도 작은 길손은 알 수 없이 목이 마르고 가슴이 탑니다.

　이집트 역사상 최강의 파라오(Pharaoh)는 람세스 2세지요? 당신에게 그에 대해 꼭 이야기를 하고 싶군요. 빛나는 고대 이집트 문

람세스 석상

카르낙 신전

명을 완성한 사람이니까요. 그는 시리아 지방으로 진출하여 터키 지역에서 인류 최초로 철기 문명을 일으킨 히타이트와 오리엔트의 패권을 겨룹니다. 이것이 유명한 카데시 전투이지요. 당시 람세스 2세는 거짓으로 항복한 적의 꼬임에 빠져 무적을 자랑하던 2,500여 대의 히타이트 전차에 홀로 포위되었습니다. 절체절명의 순간 그는 신에게 간절히 기도합니다.

"유일한 창조주이자 절대자이신 아몬(Amon)이여, 당신의 아들을 구해주소서." 그러자 아몬신이 응답합니다.

"나는 너의 아버지 아몬이다. 나는 수백만의 전차보다도 강하나니 내 그들을 칠 때 그들은 너의 말발굽 아래서 서로 죽이며 결코

일어나지 못할 것이다." 결국 그는 붉은 피로 뒤덮인 적의 주검들 위에 승리의 깃발을 꽂았다고 전해지고 있습니다.

　나중에 히타이트의 자료가 발굴되면서 이 전투에서 람세스 2세가 승리하지 못하였을 뿐만 아니라 오히려 패배한 것에 가깝다는 것이 밝혀졌지요. 하지만 그가 팔십을 넘게 살면서 위대한 이집트를 건설한 것은 역사적 사실입니다. 당신의 기름진 땅에 카르낙(Karnak), 룩소르(Luxor), 아부심벨(Abu Simbel) 신전을 세워 신을 찬양하였으니 그 규모와 기술이 그리스와 로마의 모든 신전을 합

아부심벨 신전

쳐도 미치지 못할 것입니다. 그러나 오늘날 그 신전을 지키는 후
손들은 또 다른 유일신인 알라를 노래하고 있습니다. 수천 년 동
안 이 땅에 자비로운 은총을 내렸던 유일신 아몬은 거대한 구경거
리 돌조각으로 전락된 채 말입니다. 세상은 하나인데 이 세상을
창조했다는 신은 왜 그렇게 서로 다른 것입니까?

당신의 서쪽 불모의 사막에는 동쪽의 푸른 옥토를 자식에게 물
려주고 옮겨 온 죽은 사람들의 세계, 네크로폴리스(Necropolis)가

펼쳐집니다. 그곳에는 왕들의 계곡, 여왕 무덤, 귀족 무덤, 장인(匠人) 무덤 등이 그 수를 정확히 알 수 없을 만큼 널려 있지요. 재미있는 것은 권력의 크기에 따라 무덤의 크기뿐만 아니라 죽음을 준비하는 기간도 달랐다는 것입니다. 파라오는 즉위하면서부터 자신의 묘를 만들기 시작하여 죽을 때까지 계속했습니다. 사람이 살면서 죽음을 생각하는 것은 인생을 짜임새 있게 사는 데 도움이 되었겠지만, 많은 파라오들이 조상의 묘를 도굴하여 보물을 자신의 묘로 옮기었다 하니 인간의 욕심이란 끝이 없나 봅니다. 그러다 보니 무덤은 도굴을 방지하기 위하여 깎아지른 암벽 위에 조그만 구멍을 파고 그 지하에 미로로 연결된 보물창고와 분묘 등을 두는 구조로 되어 있습니다. 그러나 지금 대부분의 부장품들은 찾아볼 수 없고, 거대하고 정교한 지하시설과 생생한 벽화만이 남아 당시의 생활상과 높은 기술 수준을 짐작할 수 있습니다.

네크로폴리스의 압권은 역시 쿠푸왕의 피라미드입니다. 작열하는 햇빛 아래 끝없이 펼쳐진 붉은 사막 한가운데 동서남북을 정확히 가리키며 하늘 향해 산처럼 우뚝 솟아 있는 피라미드! 피라미드를 구성하는 260여 만 개의 화강암 돌 하나보다도 작은 인간은 그 앞에서 충격에 휩싸이지 않을 수 없었습니다. 피리미드의 수학적, 천문학적, 공학적인 신비스러운 사실들을 굳이 듣지 않더라도 가까이서 보는 순간 "와!" 하는 탄성이 저절로 나왔습니다.

어느 정도 충격이 가시자 상상이 꼬리를 물었습니다. 단순히 인

쿠푸왕 피라미드

간 자신의 영원한 삶을 얻기 위하여 저렇게 거대하고 정교한 피라
미드를 쌓았을까요? 아니면 강이 범람하는 농한기에 백성들의 일
자리를 만들기 위해? 또는 고대 집권자가 피지배 계층을 효과적으
로 다스리기 위한 수단으로? 타임머신을 타고 그때로 돌아가 보지
않는 한 아무도 풀 수 없는 수수께끼일 수밖에 없겠지요. 하지만
한 가지 확실한 것이 있습니다. 피라미드가 과거 알렉산더나 나폴
레옹이나 수많은 탐험가들의 피를 끓게 했듯이 앞으로도 이곳을
찾는 이들에게 무한한 영감과 감동을 주리라는 사실 말입니다.

피라미드에서 받은 뜨거운 태양만큼이나 강렬한 인상을 마음에 담고 여왕 하트셉수트 장제전을 찾았습니다. 여왕의 장례와 제사를 위하여 지은 것인데 똑같은 사후 세계지만 피라미드와 달리 우아한 매력을 풍깁니다. 하트셉수트는 남편 투트메스 2세가 죽은 후 왕이 된 어린 왕자를 대신해 섭정하다가 스스로 파라오가 된 이집트의 측천무후 같은 인물입니다. 이 신전은 건축가이자 여왕의 정부였던 세넨무트가 건축하여 여왕에게 바친 것이죠. 거대한 바위산을 배경으로 삼 층의 테라스와 그것을 떠받치는 기둥, 테라스를 연결한 오르막 계단이 정교하고 우아하게 조화를 이루고 있습니다. 너무나 아름다워 오히려 이집트답지 않은 건물로 생각될 정도입니다. 여왕은 나일강에 버려진 아기 모세를 건져 양육한 사람으로 찰튼 헤스턴 주연의 영화 〈십계〉를 통해 알려져 있기도 합니다. 그런데 최근 독일의 이집트 학자 롤프 크라우스가 《모세는 파라오였다》라는 책에서 고고학적 연구성과를 종합하여 모세가 이집트인으로 파라오의 후손이라는 학설을 제기하고 있어 흥미롭기도 합니다.

장제전을 걸어 나오면서 더위도 식힐 겸 안내하는 이집트 고고학자에게 가볍게 물었습니다.

"하트셉수트 여왕과 클레오파트라 중 누가 더 아름다웠나요?"

그런데 망설임 없이 돌아오는 대답이 뜻밖이었습니다.

"하트셉수트 여왕이 더 아름다웠습니다."

나는 영어 대화가 서로 잘못 전달된 것이 아닌가 하여 두세 번

더 확인하였으나 분명 여왕이 더 아름다웠다고 말하는 것이었습니다. 여왕은 이집트 사람이었지만 클레오파트라는 아니기 때문이라는 것입니다. 그렇군요. 분명 클레오파트라는 마케도니아의 알렉산더가 죽은 후 수하 장군이 세운 프톨레마이오스 왕조의 여왕이었으니 엄밀히 핏줄로 따지면 순수 이집트인은 아니지요. 이 젊은 이집트인은 그 선을 분명히 긋고 있었던 것입니다. 이집트에서 처음으로 희미하나마 희망의 빛을 느꼈습니다. 이 땅에 아직 날 선 정신이 살아 있음을 보았기 때문입니다.

그러나 이집트를 돌아볼수록 안타까움을 어찌할 수 없었습니다. 돌고 도는 것이 역사라지만 당신의 후손들은 지금 너무나 초췌합니다. 하얀 제복의 경찰이 공항에서 외국인 관광객인 우리를 한 시간 이상 버스 안에 붙잡아 놓고도 그 이유를 아무도 설명해 주지 않습니다. 수도인 카이로 시내는 무바라크 대통령의 커다란 사진이 곳곳에서 활짝 웃고 있을 뿐 고압적인 분위기의 경찰과 군인들이 깔려 있고 시민들은 활기가 없고 무표정하기만 합니다. 화장실에서는 젊은이들이 손님들의 눈치를 보며 팁을 빌고 있습니다. 비옥했던 당신의 땅은 건조한 기후와 아스완댐으로 인한 자연생태계의 변화로 척박해져 많은 식량을 수입하고 있습니다.
알렉산더 이후 이 땅은 승자들의 전리품으로 전락하고 말았습니다. 위대했던 삼천 년 문명은 그들의 정치, 종교, 경제를 장식하기 위한 액세서리가 되었습니다. 이 냉엄한 현실 앞에 한 이집트 청년의 올곧은 자존심은 어떤 의미가 있는 것일까요? 불타는 사막에서 만난 역사의 여신은 얼음처럼 차갑고 변덕스러우며 약자에게 오만할 뿐입니다. 오직 당신만이 수천 년을 한결같이 유유히 흐르고 있습니다.

모든 역사는
터키로 통한다

● 　　　　　　　세계지도를 펼쳐 놓고 우리나라에서 서
쪽으로 똑바로 선을 그어 보자. 아시아 대륙의 맨 끝에서 지중해를
향하여 마치 남자의 상징처럼 불쑥 솟아오른 나라를 만난다. 세계
에서 둘째가라면 서러워할 정도로 화려한 역사를 가진 땅, 터키다.
　그동안 우리는 잠재력이 무한한 이 땅을 방관하며 살아왔다. 서
양과 중국 중심의 역사에 세뇌당하고 함몰되었던 탓이었다. 그러
나 나에게 터키는 단순한 외국이 아니다. 비록 지리적으로는 대륙
의 동·서로 멀리 떨어져 있으나 마음으로는 오래전 헤어진 형제
로서 항상 가까이 두고 있었다. 어릴 적부터 꼭 가 보고 싶었던 몇
나라 중의 하나였다. 아랍과 유럽의 한가운데에 우뚝 서 있는 몽

골리안의 모습에서 강인한 생명력을 느끼고 미래의 꿈을 같이 나
누고 싶었기 때문이었다.

밤 열두 시경이 되어서 이스탄불 공항에 도착하였지만 피곤함이
느껴지지 않는다. 오히려 사춘기 소년과도 같은 흥분과 기대에 몸
이 팽팽해진다. 시내에 접어드니 하늘로 솟은 이슬람 모스크의 뾰
족탑[尖塔]이 나를 반긴다. 그렇지만 열에 아홉 이상이 무슬림인 이
슬람 국가치고는 모스크가 눈에 띄지 않는 셈이다. 붉은 십자가로
꽉 차 있는 서울의 야경과 비교가 된다.

다음날 아침, 터키의 진면목을 접하면서부터 감동의 파노라마가
일기 시작했다. 터키는 국토 전체가 거대한 하나의 종합박물관이
요 문화재다. 한 건물에 가톨릭과 이슬람이 같이 있고, 한 도시에
초기 기독교와 고대 그리스가 시간을 초월하여 함께 서 있다. 땅
을 조금만 파면 발에 치이는 것이 문화재라는 말에 고개를 끄덕일
수밖에 없다.

"모든 길은 로마로 통한다."고 했던가?
그 말을 바꾸어야 한다.
"모든 역사는 터키로 통한다."라고.

지리적 위치 자체가 이 나라에는 축복이다. 두 발을 서양과 동양
에 각각 버티고 서서 세계 문명의 교차로를 지키고 있다. 아메리

보스포루스 해협을 횡단하는 배가 이스탄불의 갈라타 타워 앞을 지나가고 있는 모습

카가 유럽의 신대륙이었다면 터키는 몽골리안의 신대륙이라 해도 지나친 말이 아니다. 미국과 터키가 천혜의 국토자원을 가지고 있는 것이나 여러 민족의 피가 섞여 개방적이고 실용적이라는 점도 서로 비슷하다. 과거 아메리카가 세계사의 새로운 길을 열었듯이 이제 터키를 주목해야 한다. 몽골리안의 무한힌 가능성을 터키에서 찾고 우리의 미래를 이 땅을 통해 볼 수 있어야 한다.

터키 서부, 에게해에 접한 해안도시인 이즈미르(Izmir)에서 동쪽 길로 10시간을 달린다. 직사각형 모양인 아나톨리아 반도의 동서를 가로지르는 우리나라의 영동고속도로로 보면 될 것 같다. 옛날 동서 문화의 젖줄이었던 실크로드로 수많은 상인들이 왕래하던 길이다. 이글거리는 태양에 편도 1차선 아스팔트가 녹아내린다. 가도 가도 끝없는 평원이고 지평선은 푸른 하늘과 맞닿아 있다. 창밖에는 푸석한 흙과 초원이 이어지며 푸른 나무와 양떼들이 점점이 놀고 있다. 드넓은 초원 너머 높고 넓은 웅장한 산들이 저 멀리서 손짓하며 부른다. 말을 타고 바람을 가르며 넓은 들판을 달리던 투르크 전사들의 호방한 모습이 아른거린다. 땅이 넓으니 얼마나 좋은가! 속이 탁 트이고, 마음이 넓어진다. 적어도 국토가 이 정도는 되어야 하는데⋯⋯. 아직 사람의 손길이 닿지 않은 순박한 자연의 모습 그대로 널려 있는 땅이 눈부신 햇빛 아래 보석처럼 빛나고 있다.

남한의 열 배나 되는 넓은 이 땅에 담긴 대자연의 배려는 참으로 깊다. 지중해 해변의 온난함이 있는가 하면, 영상과 영하 40도를 오르내리는 동부 내륙의 폭서와 혹한도 있다. 4,000미터에 이르는 눈 덮인 산도 버티고 있고, 광활한 평원과 초원도 펼쳐진다. 다채로운 자연의 모습은 이곳 사람들에게 다양성과 조화의 지혜를 가르쳐 준다. 동서 문화의 교차로에 위치한 지리적 조건은 개방성을 선물한다. 차도르를 걸치는 사람이 아랍권에서 가장 적을 정도로 개방적인 것이 우연이 아니다. 또 국토가 동서남북으로 열려 있기에 언제 나타날지 모를 외부의 적에 대비하여 항시 긴장하지 않을 수 없다. 터키가 전사의 나라인 것도 유목민족의 후예이기 때문이기도 하지만 바로 이런 데서 기인하는 바가 크다. 자원도 풍부하다. 석유, 철강, 물 어느 하나 부족함이 없다. 특히 물은 중동의 젖줄인 티그리스와 유프라테스 두 강을 한 손에 쥐고 있어 인접 국가들이 전전긍긍하고 있다.

이 나라가 요즘(2003년 현재) EU 가입을 신청하였다. 그리스와의 분쟁과 이슬람 국가라는 것 때문에 유럽이 가입승인 여부를 놓고 고민이 깊다고 한다. 그러나 진짜 이유는 다른 데 있다. 독일이나 프랑스보다 넓은 국토에 많은 인구를 가진 터키를 두려워하는 것이다. 마치 옛날 중국의 한족이 흉노와 몽골을 경원하였던 것과 다를 바 없다.

살펴볼수록 잠재력이 무궁무진한 나라다. 왜 이런 나라를 우리는 그동안 눈에 두지 않았을까? 지금이라도 늦지 않다. 터키를 통해 중앙아시아와 이슬람, 유럽으로 가는 길을 하나씩 열어 보자.

중국과 일본을 향하는 열정의 십 분의 일만이라도 터키에 나누어
주자. 터키 바람이 우리나라에 불도록 하자.

　이즈미르 시의 서남쪽 80킬로미터 지점에 에페소스(Ephesos)가
있다. 기원전 1,100년경에 그리스인들이 세워 알렉산더와 로마 시
대까지 번영을 누린 도시다. 또한 터키 지방에서 태어난 바울이
에페소스에 개척한 초대 교회의 사람들에게 보낸 편지인 '에베소
서'의 무대이기도 하다. 우선 에페소스 입구에 서 있는 미의 여신
인 아르테미스 여신상과 인사를 나누고 계속 가면 그리스인들이

에페소스

에페소스 공회당 터

사창가를 안내하는 것으로 추정되는 바위

건설한 고대 도시의 화려한 유적이 나타난다. 그 전에 잠깐 옆길
로 빠져 올라가면 조그만 언덕이 나오고 요한이 예수의 어머니 마
리아를 모시고 산 것을 기념하여 세워진 요한 교회를 볼 수 있다.
그리고 에페소스 전체가 내려다보이는 높은 산 위에는 셀주크 제
국의 성채가 견고하게 버티고 서서 주위를 지키고 있다. 고대 그

리스부터 근대 터키까지 수천 년의 서로 다른 역사가 종횡으로 뒤섞여 한곳에 어울려 있으니 경이로운 일이다.

고대 그리스의 도시가 대리석으로 포장된 중앙도로를 중심으로 양옆으로 늘어서 있는데, 대하드라마의 세트장처럼 규모가 크고 생생하다. 귀족 주택가와 노예 주거지, 사우나를 갖춘 목욕탕, 헤라클레스 문, 앞에 분수대를 설치하고 그 주위에서 춤추는 무희를 보며 볼일을 보던 화장실, 지금으로서도 큰 규모인 셀서스 도서관, 앰프 시설 없이도 극장 어디에서나 소리가 들려 현재도 사용되고 있는 24,000명 규모의 원형 노천극장. 모두가 3,000년 전의 것이라고는 믿기지 않을 만큼 정교하고도 아름다운 도시계획과 건축기술이다.

그런데 재미있는 것은 목욕탕 옆에 대규모의 사창가가 있었다는 사실이다. 삼천 년 전이나 지금이나 인간의 생각은 똑같은 모양이다. 하기야 그러니까 하고많은 존재 중에서 인간으로 태어났을 것이다. 만물은 비슷한 성질끼리 모이도록 되어 있으니까.

다음은 파묵칼레(Pamukkale). '목화의 성'이라는 이름대로 산 위에서 칼슘 온천수가 흘러 넘쳐 형성된 종유석이 마치 하얀 솜을 길게 펼쳐 놓은 듯하다. 세계에서 보기 힘든 장관이다. 여기서 칼슘 온천욕을 빼 놓을 수 없다. 연일 계속되는 강행군의 피로가 씻은 듯이 사라진다.

이번 버스 여행의 최종 목적지는 카파도키아(Cappadocia)
다. 아나톨리아 반도 중앙에 위치한 해발 1,000미터의 고원
지대로 고대 철기 문명의 강자인 히타이트의 본거지였다.
과거 화산활동의 영향으로 형성된 버섯모양의 기암괴석들
이 마치 동화에서나 볼 수 있음직한 모습으로 보는 사람의
탄성을 불러일으킨다. 규모가 작은 터키의 그랜드캐니언이
라고나 할까? 그러나 아기자기하고 이국적인 풍광은 그랜
드캐니언이 미치지 못할 것 같다.

이 지역의 바위는 용암과 사암으로 되어 있는데 사암은 부
드러워 손쉽게 구멍이 뚫린다. 히타이트 멸망 이래 크고 작은
왕국 간의 수많은 전투에서 도망한 패잔병들이 바위에 굴을
뚫고 은둔하기 시작하였다. 기독교도가 로마의 박해를 피해
이주해 오면서 그 규모가 더욱 커졌다. 그들은 버섯 모양의
암석들 사이에 수십 킬로미터 굴을 파고 들어가 집과 교회당
을 짓고 집단으로 거주했다. 데린쿠유 지하도시는 커다란 환

데린쿠유 지하도시

카파도키아

카파도키아(겨울 풍경)

기구를 중심으로 거주지와 교회, 포도주 저장고, 마구간, 식당, 학교 등 생활에 필요한 모든 시설을 갖추고 있다. 적의 침입을 막는 차단 장치와 병기고에 지하 감옥까지 있다. 영화 〈벤허〉의 지하 예배당보다는 넓지 않으나 외부와 완전하게 격리된 완벽한 지하기지다. 참으로 강력한 믿음과 결속력이 아니고는 불가능한 일이다. 인간이 부서운 것인지 종교가 무서운 것인지 의문이 든다. 역시 기독교는 깨달아 가는 종교라기보다는 믿고 받드는(信仰) 종교다.

터키의 얼굴인 이스탄불 관광에 앞서 이스탄불 관광청장인 네즈데트 귀르겐(Nejdet Gürgen)을 만났다. 호남형 얼굴에 190센티미터 정도의 키와 당당한 체격으로 투르크 전사를 연상시키는 50대 남자다. 그는 우리 일행을 보자마자 두 나라는 6·25 전쟁 때 피를 나눈 혈맹으로 2002 월드컵에서도 서로 좋은 경기를 했다는 말로 반가움을 표시했다. 다음은 그와 나눈 대화의 요지다.

(우리) 다른 이슬람 국가에 비해 개방적인 것 같은데?
 - 케말 파샤 이래 정교 분리가 되어 있다. 현재의 터키는 그의 덕분이다.
(우리) EU에 가입되면 경제적, 문화적으로 혼란이 클 텐데?
 - 발전하기 위해 EU에 가입해야 한다. 그에 따른 혼란은 모자이크로 생각한다. 인간의 존엄성을 기준으로 판단하면 모든 문제가 풀릴 것이다.

(우리) 터키의 뿌리는 어디이며 지금의 공화국과 어떤 관계에 있
　　　는가?
　　－ 중앙아시아에서 시작되었는데 개국한 지 1,551년이 지났다.
　　　지금의 공화국은 개국 이래 16번째 나라다.

　　그는 건물 밖 길까지 따라 나와 텁텁한 웃음으로 환송을 해 준
다. 그런데 이게 웬일, 불교식으로 합장을 하며 머리를 깊숙이 숙
여 인사를 하는 것이 아닌가? 한국 사람들은 모두 그렇게 인사를
하는 것으로 알고 손님을 존중하는 의미에서 합장을 했단다. 이슬
람교도지만 이교도 방식으로 인사를 해 주는 그의 태도에서 관대
한 마음이 느껴진다.
　　그와 헤어지니 왠지 가슴이 찡해진다. 전혀 외국 사람과 이야기
한 것 같지 않았다. 나는 그를 통해 터키를 본 것이다. 투박하지만

문 밖까지 나와
작별 인사를 하는
이스탄불 관광청장

약삭빠르지 않고 겸손하며, 순박하고 우리에게 마음으로부터 호감을 느끼고 있다. 혼란을 모자이크로 생각하는 지혜와 용기, 그리고 유일신을 믿지만 상대방의 방식으로 응대해 주는 포용심도 갖추고 있다.

그동안 우리는 터키를 어떻게 대했는가? 1988년 서울올림픽 때였다. 터키 대통령이 서울을 방문하여 양국 정상회담을 희망했다. 당시 올림픽 개최 국가로서 수많은 국가 정상과의 면담을 소화해야 했던 우리 정부는 끝내 그에게 우선순위를 배정하지 않았다. 그 후 총리가 와서 부산 유엔묘지에 있는 터키 전몰장병 혼령 앞에 꽃을 바치고 돌아갔다. 그러나 지금(2003년 7월 현재)까지 우리는 대통령이나 총리가 터키를 찾은 적이 없다(그로부터 2년 후인 2005년 4월 14일, 노무현 대통령의 첫 터키 국빈 방문이 실현되었고, 2010년 6월 15일에는 이명박 대통령이 압둘라 귈 터키 대통령을 국빈 초청하여 정상회담을 가셨나).

고향을 떠나 천년을 넘게 만리타향에서 떠돌다가 일가(一家)를 이룬 투르크 전사들. 주위 아랍이나 유럽에 둘러싸여 늘 이질감을 느낀 채 밤낮으로 경계하며 살아온 고독한 이방인들. 그들에게 우리는 오래전 고향에서 같이 물장구치며 놀던 소꿉친구다. 그들은 우리가 가까이 다가오기를 바라고 있다. 무한한 기회의 땅과 가슴 벅찬 역사가 우리에게 손짓하고 있는 것이다. 다정한 몸짓과 열린 마음으로 말이다.

터키

희망을 파는
터키 소년

●   터키 최대의 도시 이스탄불. 보스포루스 해협을 중심으로 동양과 서양이 맞닿아 있는 길목을 지키고 있다. 일찍이 러시아 피터 대제가 "이곳을 지배하는 것은 세계의 반을 지배하는 것이다."라고 할 만하다. 이 도시는 기원전 7세기 그리스의 식민도시로부터 출발하였다. 그 후 동로마 제국(비잔틴 제국)의 수도로 콘스탄티노플이 되었고, 오스만터키에 정복되면서 '이슬람의 도시'라는 뜻을 가진 이스탄불로 이름이 바뀌었다.

이스탄불처럼 이천 년이 넘는 오랜 역사, 기독교와 이슬람, 그리고 서양과 동양을 모두 포괄하는 도시를 제대로 이해하기 위해서는 먼저 전체 뼈대를 알아야 한다. 그래서 가장 먼저 국립박물관을 찾아갔다. 고대(古代)관에는 인류 문명의 새벽을 열었던 메소포타미아의 유적이 진열되어 있고, 유럽관에는 그리스의 신상이나 알렉산더 동상, 로마 제국의 유적들이 즐비하다. 그 중에서 특히 인상적인 것은 고대관에 전시된 것들인데, 그들은 자신들의 조상인 투르크 전사가 유랑하던 몽골과 중앙아시아의 역사만 고대로 여기지 않았다. 오늘날 살고 있는 아나톨리아 반도와 메소포타미아의 고대 역사까지 모두 자신들의 것으로 내세우고 있었다. 따라서 터키를 보다 정확히 짚으려면 메소포타미아의 역사를 살펴보지 않을 수 없다.

메소포타미아 역사

메소포타미아는 '강 사이에 있는 땅'을 뜻하는 그리스어로 터키에서 발원하는 티그리스강과 유프라테스강 유역, 즉 숭농지역을 말한다. 이곳은 사방으로 사통팔달한 지리조건을 갖추고 있어 이집트와 거의 비슷한 시기에 세계 최초로 고대 문명을 꽃피웠다. 그러나 사막과 바다로 둘러싸인 이집트에 비해 외부에 열려 있는 자연환경이다 보니 주변 민족의 침입이 잦아 흥망성쇠가 극적이다.

이 지역의 첫 주인공은 수메르인이다. 단군보다 수백 년 앞선 시기에 터키 지방을 중심으로 도시국가를 형성하였고 맥주를 처음으로 만들어 먹기도 하였다. 그 다음은 이스라엘과 같은 셈족 계열인 아카드인으로 《함무라비 법전》을 남긴 바빌로니아 문명을 일으켰다.

기원전 1,700년에는 인도 · 유럽어족인 히타이트족이 터키의 하투샤와 카파도키아를 중심으로 일어나, 세계 최초로 철기와 세 명이 타는 전차를 앞세워 메소포타미아를 통일하였다. 기원전 1,300년에 나타난 셈족의 아시리아는 포로의 피부를 산 채로 벗길 만큼 호전적이었다. 기마병과 철제 전차를 이용한 전투에 능하여 이집트까지 정벌하고 최초의 오리엔트 통일국가를 이루었다.

그 후 그리스와 페르시아, 알렉산더, 로마를 거쳐 비잔틴과 칼리프 왕조, 셀주크터키, 오스만터키에 이르기까지 수많은 강자들이 차례로 출현하여 패권을 다퉜다. 그들 중 최후의 승자가 투르크족이 세운 오스만터키 제국이다.

이스탄불은 오스만터키의 수도로 오래 전부터 동양과 서양을 잇는 지리적 조건으로 인하여 동 · 서간 교역로인 실크로드의 출발점이자 종착지였다. 때문에 실크로드를 통해 이 도시로 전 세계의 물건들이 모여들었다. 그랜드바자르는 이들이 거래되던 대규모 시장으로 오스만터키 시대 건축되었다. 지금도 5,000여 개의 상점이 빽빽이 들어차 있으나 과거처럼 전 세계 상품의 집결지라기보다는 터키와 인근 아랍의 토산품 판매시장의 역할을 하고 있다. 그럼에도 아직까지 하루 30여 만 명의 관광객이 찾는 명소다.

이스탄불은 도시의 지리적 특성상 보스포루스 해협을 경계로 유럽 쪽과 아시아 쪽으로 구역을 나눌 수 있다. 유럽에 속한 지역은 아시아 지역에 비해 현대적이고 소득수준도 더 높다. 서울로 따지면 강남과 강북 정도로 생각하면 될 것 같다.

　유럽 쪽 시내에 있는 히포드럼을 둘러보았다. 원래 검투 경기장이었는데 콘스탄티누스 황제 때 전차 경기장으로 바뀐 곳이다. 당시에는 10만 명을 수용하는 규모였는데 지금은 시민공원으로 사용되고 있다. 마침 해질 무렵이라 로마가 이집트에서 빼앗아 온 오벨리스크에 기다란 그림자가 드리워진다. 어린이들이 가족과 함께 뛰놀고, 차도르를 걸치지 않은 여자들이 젊은 남자들과 손을 잡고 거닌다. 같은 이슬람이지만 이집트와는 다르게 개방적인 분

마침 해질 무렵이라
로마가 이집트에서 빼앗아 온 오벨리스크에
기다란 그림자가 드리워진다.

오벨리스크

소피아 성당

위기다. 피를 부르던 잔인한 검투경기의 흔적도 지금은 찾아보기
힘들다.

　히포드럼 옆에 소피아 성당(아야소피아 Ayasofya)이 있다. 비잔틴
의 콘스탄티누스 황제가 건립하고 유스티니아누스 황세 때 재건되
었는데 현존하는 성당 중 가장 오래된 것이다. 성당 안으로 들어가
면 기둥을 받치지 않고 올린 55미터의 중앙 돔이 장중하고도 경건
한 느낌을 준다.

　그러나 묘한 것은 이 성당이 기독교가 이곳을 지배하던 시절 더
많은 수난을 당했다는 사실이다. 유스티니아누스 황제 때는 성당
이 완전히 파괴되었다. 그가 이집트 출신의 댄서를 황비로 삼자
그녀가 천민 출신이고 종교가 다르다(이집트에서는 그리스도의 단성론
을 믿는다)는 것을 빌미로 반란이 일어난 것이다. 결국 황제는 히포
드럼에서 농성하는 반란군 3만 명을 모두 학실하였는데 이때 성당
이 파괴된 것이다. 제4차 십자군전쟁에서는 이스탄불에 입성한 십
자군이 성당을 약탈하고 여인들과 주연을 즐기면서 화려했던 사
원을 쑥대밭으로 만들기도 하였다.

　그 후 비잔틴 제국이 오스만터키에 의해 멸망당하자 이스탄불의
주인이 기독교에서 이슬람으로 바뀌었다. 그러나 새 주인인 술탄
메흐메드는 실용적인 인물이었던 모양이다. 아름다운 성당을 파
괴하지 않고 천장 가운데 있는 예수의 모자이크와 기독교 상징물
을 회칠로 덧칠하여 모스크로 개조한다. 이후 오백여 년 동안 모

스크로 쓰이다가 오늘날 터키 공화국을 수립한 무스타파 케말에 의해 문화박물관이 된다. 그의 건국 이념이 정교분리였으니 성당도 아니고 모스크도 아닌 박물관으로 바꾼 것은 역시 아타튀르크(터키인의 아버지)다운 결정이라고 할 만하다.

지금은 중앙 돔에 칠해진 회칠을 벗겨 내어 천장에 그려진 예수 모자이크를 옛날처럼 볼 수 있다. 몇 년 전 EU에 가입을 신청한 터키가 유럽의 환심을 사기 위해 취한 조치였다고 한다. 종교와 정치에 의해 끊임없이 다른 옷으로 바꿔 입어야 하는 건축물의 운명이 기구하다. 새삼 역사가 강자의 것이라는 냉엄한 현실을 깨닫는다. 그러고 보니 지금은 이름도 박물관이 아니라 '소피아 성당'이라고 불려진다. EU에 가입되어 유럽의 돈과 문물이 물밀 듯 밀려올 때 이 건축물은 또 어떻게 변하게 될까?

소피아 성당 옆에 블루모스크가 있다. 소피아 성당보다 훌륭한 건축물을 짓고자 했던 오스만터키의 야심작이다. 투명한 푸른색 외관이 화려하고 특히 내부에 푸른색 타일로 장식된 벽과 기둥이 200개가 넘는 스테인드글라스 창을 통해 들어오는 햇살과 어울려 밝고 환상적인 분위기를 연출한다.

소피아 성당과 블루모스크 사이는 여러 가지 꽃과 잔디로 단장된 공원으로 이어져 있다. 그곳에서 보면 아름다운 두 건축물이 한눈에 들어온다. 두 사원 모두 바라볼수록 빛을 발하지만 분위기는 대조적이다. 나의 눈에는 소피아 성당은 장중하나 다소 어둡

소피아 성당 내부의 예수 모자이크

블루모스크

고, 블루모스크는 화사하지만 가벼운 느낌이 든다. 똑같이 절대자를 찾는 사원인데 왜 그런 차이가 느껴지는 것일까? 두 종교는 왜 또 그렇게 천년 이상을 서로 맞서 왔을까? 묵직한 상념이 꼬리를 문다. 그러나 이것도 어설픈 분별심일 뿐 두 사원은 서로를 그윽하고 평화롭게 바라보고 있을 뿐이다. 괜스레 인간만이 서로 따지고 미워하며 질투하는 것만 같다.

문득 주변을 둘러보니 외국 관광객들과 시민들이 한가하게 여가를 즐기고 있다. 그 사이로 택시기사가 햇볕에 검게 그을린 얼굴로 목을 길게 뺀 채 손님을 찾고 있고, 허름한 차림의 행상들이 물건을 하나라도 더 팔기 위해 분주하다. 저들에게 화려한 역사와 풍부한 자연자원이 무슨 소용이 있겠는가? 오직 삶의 무게만이 힘겨울 뿐일 것이다.

지금(2003년 7월 현재) 터키는 경제 사정이 좋지 못하다. 인플레이션이 극심하여 화폐개혁이 필요하지만 EU 가입 후로 미뤄 놓고 있다. 이탈리아나 이집트도 그렇지만 이곳도 화장실을 이용하려면 돈을 내야 한다. 요금이 터키 화폐단위로 50만 리라다. 공항 금연구역에서 담배를 필 경우 벌금이 1억 8,983만 리라이고 웬만한 음료 하나에 수백만 리라를 내야 한다. 물론 환율이 1:1,000 수준이므로 우리에게는 큰 부담이 아니지만 터키인들로서는 괴로운 일이 아닐 수 없을 것이다(90년대 이후 터키 리라는 세계에서 가장 가치가 낮은 화폐로 여러 차례 기네스북에 오르기도 했다. 그 후 터키는 2005년과 2009년 화폐개혁을 단행했다).

고민은 이것만이 아니다. 동남부 지역 산악지대에 살고 있는 쿠르드족의 무장투쟁도 골칫덩어리이다. 쿠르드족은 고대 메소포타미아 중북부 지역에 살던 원주민이 이곳으로 이주한 아리안족과 동화된 사람들이다. 터키와 이라크, 이란 지역에 흩어져 살고 있

유료 화장실

화폐개혁 이전
터키의 화폐단위를 알게 하는
한 상점의 가격표

팽이 파는 소년

느데 오늘날 지구상에서 독립된 나라를 갖지 못한 민족 중 인구가 가장 많다. 터키에만도 약 천만 명이 살고 있는데 이 지역은 석유가 매장된 곳이기도 하여 터키로서도 결코 양보할 수 없다는 입장이라 팔레스타인 문제만큼이나 해결하기가 어려워 보인다.

소피아 성당과 블루모스크를 벗 삼아 동료들과 한가로운 시간을 보내고 있는데 한 소년이 팽이를 돌리며 다가온다. 열 살을 갓 넘긴 듯한 어린 나이에 반듯한 용모가 귀엽다. 팽이 1개에 1달러를 달라고 한다. 선선히 1개를 사 주자 녀석은 같은 일행인 줄 뻔히 알 텐데도 옆 동료에게 다가가 2개에 1달러를 부른다. 내가 다시 2

개를 더 사자, 이번에는 천연덕스럽게도 3개에 1달러를 흥정한다. 동료 하나가 다시 그것을 사 주자 순식간에 6개를 팔아 3달러를 벌어들인 녀석은 더 이상 볼 것도 없다는 듯 환호성을 지르며 사라진다. 하지만 그 소년이 전혀 밉지가 않다. 그의 눈빛이 맑고 순박했기 때문이다. 1개, 2개, 3개… 그래, 힘차게 자라거라. 니는 투르크의 희망찬 미래란다.

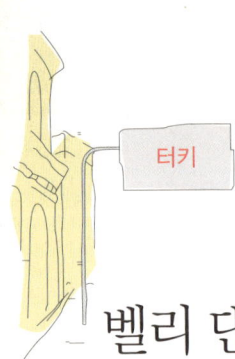

터키

벨리 댄스 belly dance

휘돌아 감기는 가녀린 뱀 허리
물결치며 봉긋 거리는 가슴
배와 허리, 엉덩이가 오묘한 조화를 이룬다.
배 떨기(shimmy)와 배 돌리기(twist)로 몸을 풀더니
다리를 거의 쓰지 않고
허리와 엉덩이가 부드럽게 때로는 격렬하게 움직이다가
온 몸의 세포 하나하나가 제각각 따로 놀며 절정을 치닫는다.

그녀의 율동이 달뜬 목소리로 말한다.
오늘도 홀을 가득 메워 주셨군요.

나의 모든 것을 보여 드리지요.

마음껏 느껴 보세요.

당신의 꿈꾸는 눈동자가 나에게 꽂힐 때마다

목마른 입, 타는 가슴의 열기가 전해 올 때마다

나도 당신을 느끼고 싶답니다.

오늘의 포로들이여, 이제 그만 한 가닥 남은 정신의 끈을 놓으시지요.

화려한 웃음꽃을 뿌리며 오늘의 여왕이 등장한다.

흐느적거리는 관능, 입맞춤하는 혀의 도발, 꿀 같은 유혹

현란한 동작으로 그녀가 뜨겁게 속삭인다.

이래도 당신의 마음이 흔들리지 않나요?

몸 따라 휩쓸리는 마음을 막지 마세요.

지금 흔들리는 것은 내가 아니라 당신이랍니다.

　　고대 이집트와 메소포타미아에서 다산(多産)과 풍작을 위해 신전에 바쳐진 소녀는 생식의 근원인 배로 춤을 추었다. 이슬람 제국 시대 천하의 지배자 술탄 앞에서도 여인들은 요염을 뽐내며 이 춤을 추었다. 요즈음 팝스타 브리트니 스피어스나 샤키라도 이 춤을 즐긴다.

　　신의 구원과 다산을 기원하며 자신을 내던지는 춤, 술탄을 사로잡기 위하여 혼신을 다하던 춤, 세계인들이 보는 카메라 앞에서

자신의 끼를 드러내는 춤. 관능과 농염, 도발과 유혹이 활화산처럼 폭발하지 않을 수 없다. 원래 벨리 댄스는 그런 춤이다.

오늘날 이 춤이 이슬람 원리주의 영향으로 소멸되어 간다. 본고장인 이집트의 벨리 댄스는 명맥을 잇기에 급급하다. 종주국 터키에서 보는 춤도 아름답고 그 기교 또한 현란하나 가슴속에는 왠지 허전함이 느껴진다. 기술은 조금 미치지 못해도 정열적인 스페인

의 플라멩코 벨리 댄스에는 관객들이 함성을 지르며 열광했는데
말이다.

모든 예술이 그러하듯 춤도 그 사회정신의 투영이다. 신에 짓눌
린 인간의 춤에 어찌 흥이 배여 있을 수 있으랴. 꽃은 매혹적이로
되 향기가 없음이다.

터키

터키에 심은
우정

●   인류 역사를 보는 눈은 여러 가지가 있
을 수 있다. 그 중 하나가 정착 문명과 유목 문명 간의 다툼으로 역
사를 해석하는 것이다. 이 관점에서 보면 인류 역사를 결정짓는
대전환은 거의 유목민에 의해서 이루어졌다. 많은 유목민들이 자
연에서 배운 이동성과 개방성을 무기로 인류 문명의 발전에 견인
차 역할을 한 것이다.

  그 중 오늘날 몽골리안처럼 제 대접을 받지 못하는 사람들이 있
을까? 셈족의 유대는 기독교로, 아랍은 이슬람으로 목소리를 높이
고 있다. 분에 넘치는 대우를 받으면서도 차별과 증오의 시선을
좀처럼 거두어들이지 않고 있다. 게르만은 산업혁명의 주인공이

316

되어 세계를 주무르고 있다. 그런데 몽골리안은 사상 최대의 대제
국을 건설하고 지구촌 교류의 첨병으로 인류 발전에 불멸의 발자
취를 남겼음에도 불구하고 소수인종으로 전락해 버렸다. 일본을
제외하고는 원래의 땅도 대부분 빼앗기고 존립 자체도 쉽지 않은
처지다. 한국은 허리가 잘려 있고, 몽골은 사방으로 우리 속에 갇
혀 있다. 인디언은 자기 집을 빼앗기고 겨우 숙식을 허락받는 신
세가 되었고 만주족은 아예 사라졌다.

몽골과 만주의 빛나는 역사는 정착 문명의 대표이자 현재 중국
이라 불리는 한족이 기록으로 모두 빼앗아 갔다. 오늘날 몽골리안
들은 그들의 정체성을 잃은 채 중국과 유럽이 쓴 역사를 앵무새처
럼 뇌이며 세뇌 당하고 있을 뿐이다. 그런데 그 애달픈 몽골리안
중에서 예외가 있다. 바로 투르크 전사들이다. 그들은 타향을 고
향으로 만들고, 남의 역사를 자기 역사로 만들었다.

몽골리안과 투르크 역사

전 세계 모든 몽골리안의 고향은 몽골리아 고원과 이것을 동서남
북으로 둘러싼 대싱안링(大興安嶺) 산맥, 알타이 산맥, 고비사막,
바이칼호 부근이다. 그들은 이 지역에서 서로 싸우고 합하며 기마,
유목, 수렵 생활을 했다. 이들 중 일부는 대싱안링 산맥의 낮은 곳
을 넘어 만주와 한반도에 정착하고 다시 일본으로 건너갔다. 고대
몽골 고원의 패권자는 '흉노'로 그 힘이 중국을 압도하였다. 한(漢)

족은 흉노를 두려워한 나머지 만리장성을 쌓았고 유방은 한나라를 세운 여세를 몰아 흉노를 쳤으나 대패하여 공주를 볼모로 시집보내고 매년 조공을 바칠 정도였다.

투르크족은 원래 몽골 고원의 서쪽에 있는 알타이 산맥 일대에서 흉노족의 한 갈래인 유연족에게 종속되어 생활하고 있었다. 한족은 '돌궐(突厥)'로 불렀다. 그들은 대장간에서 각종 무기를 만들며 힘든 노역을 하다가 6세기에 이리가한이 나타나 유연족을 격파하고 북방 초원의 패권자가 되었다. 터키의 개국 기원은 이때부터 시작된다.

이백여 년이 지나 이곳이 사막화가 되고 중국의 당나라가 강성해지자 투르크인들은 서쪽으로 이동하기 시작했다. 그로부터 삼백여 년 후 몽골 고원의 동쪽에 남아 있던 몽골 부족에서 칭기즈칸이 나타나 고원을 통일하니, 그가 태어난 부족의 이름을 따서 이 일대에 살던 유목민족을 통틀어 '몽골리안'으로 부르게 되었다.

몽골 고원을 떠나 서쪽으로 이동한 투르크 전사들은 삼백여 년 동안 중앙아시아 초원을 떠돌았다. 이 과정에서 무슬림이 되었고, 셀주크터키 제국을 세워 메소포타미아의 주인공으로 역사의 무대에 다시 등장하였다. 이후 오스만터키로 이어져 칼리프와 술탄을 겸하고, 메소포타미아를 넘어 북아프리카와 발칸 반도까지 장악하면서 명실상부한 이슬람의 맹주가 되었다.

그래서 터키는 그들이 발원한 몽골 고원과 이동로였던 중앙아시아 초원, 새로 정착한 메소포타미아의 역사를 모자이크처럼 간직하고 있다. 말하자면 투르크의 역사는 메소포타미아의 흥망성쇠요 몽골리안의 대서사시이다. 그 자체가 동·서양을 아우르는 세계사라 해도 과언이 아니다. 터키를 보면 세계가 보이는 이유다.

오스만터키가 천년제국 비잔틴을 멸망시키고 중동과 동유럽에 걸치는 넓은 땅을 지배하는 대제국이 된 것은 메흐메드 2세에 이르러서다. 그는 약관 스물한 살의 나이에 이슬람의 거센 파고로부터 유럽을 방파제처럼 지켜 내던 콘스탄티노플(후에 이스탄불로 이름이 바뀜)을 53일 만에 점령했다. 그때 비잔틴의 한 귀족이 "누가 추기경의 모자보다 터키 터반을 더 좋아하지 않겠는가?"라며 탄식했다는 이야기는 당시 터키의 욱일승천하는 기세를 잘 말해 준다.

톱카프 궁전에는 이러한 오스만 제국의 눈부신 영광이 그대로 녹아 있다. 규모가 바티칸의 두 배에 이르는데, 먹고 즐기는 공간을 중심으로 그 주위에 텐트를 치는 유목민의 전통을 살려 가운데 아름다운 정원을 두고 사방에 건물을 배치하는 구조다. 보석옥좌, 세계 최대의 에메랄드, 세계에서 세 번째로 많다는 세계 각지의 명품 도자기, 주변국들이 조공으로 바친 갖가지 진귀한 물품들이 가득하다.

이런 강국이 왜 쇠약해졌을까? 술탄이 장관들과 함께 국사를 논하던 방이 있다. 시간이 지나면서 술탄이 꾀가 생겼다. 방에 구멍을 뚫어, 가는 철사로 망을 쳐 놓고 이곳을 통해 장관들이 하는 이

야기를 엿듣도록 하였다. 사후에 장관들에게 회의 내용을 보고하
도록 했는데 만약 감청한 내용과 다르게 거짓보고를 하면 사형에
처하였다. 이제 술탄은 회의에 일일이 참석하지 않고도 국사를 처
리할 수 있었으며 남는 시간에 세계 각지에서 뽑혀 온 아름다운 여
자들과 즐길 수 있게 되었다. 그리고 제국은 기울어지기 시작했다.

　돌마바흐체 궁전은 제국의 말기에 이스탄불의 유럽 쪽에 건축되
었다. 세계에서 가장 화려한 궁전의 하나라고 한다. 세계에서 제

피카소 그림 속의 터키 여인

일 크다는 무게 4.5톤의 대형 크리스털 샹들리에, 연회장, 목욕탕과 화장실 등 어느 것 하나 지금 봐도 화려하지 않은 것이 없다. 건축경비만 환산해도 오늘날 가치로 약 6조 원이 된다고 하니 그 사치스러움이 놀라울 정도다.

또 하렘이라는 금남의 구역이 있는데, 재미있는 것은 술탄 어머니의 방이 술탄과 하렘 여인들의 방 사이에 있는 것이다. 자연스레 술탄의 어머니는 술탄과 여자들의 관계를 조율하고 이를 통해 그녀들을 장악할 수 있었다. 물론 술탄이 궁녀들에게 너무 빠지거나 암살당하는 것을 막기 위한 의도도 있었다. 술탄의 서슬 푸른 권력에 못지않게 하렘의 암투 또한 매서웠나 보다.

당시 오스만이 이 궁전을 세운 목적은 기울기 시작하는 제국의 위엄을 과시하기 위한 것이었다. 유럽이 동·서 무역로를 막고 있던 오스만을 피해 바다로 나가 식민지를 개척하여 국력이 커지면서 오스만을 압박해 왔기 때문이다. 그러나 과연 호화스러운 이 궁전이 오스만의 발전에 도움이 되었는지는 의문이다. 궁전이 완공된 후 불과 60여 년 만에 오스만 제국은 역사에서 사라졌으니, 마지막 불꽃놀이였던 셈이다.

그렇지만 이 궁전은 터키인들에게 잊지 못할 명소다. 근대 터키의 아버지 무스타파 케말 아타튀르크(Mustafa Kemal Atatürk) 대통령이 머물다가 숨을 거둔 곳이기 때문이다. 그는 술탄이 제1차 세계대전에서 패한 후 영국과 비밀조약을 맺어 나라를 넘기려 하자

보스포루스 해협

분연히 일어나 조국을 구했다. 그리고 수도를 앙카라로 옮기고 정교분리, 아랍문자 대신 라틴 알파벳 도입, 남녀차별 철폐, 성(姓)씨 제도 도입, 양력 채용 등 근대 터키의 기초를 닦았다. 일찍이 역사의 중요성을 간파하고 역사연구협회를 만들어 자신이 직접 총재를 맡아 이슬람 맹신주의를 벗어나 투르크의 정체성을 확립하기도 하였다. 오늘날 터키가 EU에 가입하려는 것도 그의 국가전략과 맥을 같이 하는 것이라 할 수 있다. 그는 지금도 작은 침실과 집무실에 남긴 간소한 유품을 통해 조국 터키가 나아갈 길을 말없이 제시하고 있다.

보스포루스 해협은 이스탄불을 동서로, 지구촌을 동양과 서양으로 갈라놓는다. 바닷물이 이스탄불의 좁은 협곡을 따라 흑해에서 지중해 쪽으로 빠르게 흘러가는데 길이가 30km, 폭이 가장 좁은 곳이 750m에 불과하다. 유럽과 아시아 쪽 해안이 서로 맞닿아 있는 듯 보인다. 말이 바다지 도심을 흐르는 강과 같다. 양쪽 해안을 따라 풍광이 좋은 곳에 부자들의 별장이 즐비하다. 그런데 아름다운 경치도 그렇지만 서양과 동양이 서로 마주보고 있다는 사실 자체가 묘한 감상에 젖게 한다. 도도히 흐르는 물결이 그저 단순한 바다로 보이지 않는다. 밤하늘의 별처럼 수많은 동서양의 인걸들과 민초들의 피와 땀과 눈물이 모여 흐르고 있다는 느낌이 든다. 수천 년 인류 역사의 무게 때문일까? 고량주 잔 크기의 조그만 사기그릇에 담긴 터키 커피 한 잔의 진한 맛이 가슴 깊이 묵직하고,

코끝으로 전해 오는 향기가 마음을 취하게 한다.

이곳에서 보니 유럽과 아시아가 서로 크게 다른 남남처럼 멀리 있는 것이 아니다. 마치 한강을 사이에 둔 서울의 강남과 강북처럼 가깝게 이웃하고 있다. 이를 배경 삼아 사람들이 서로 어울려 사진을 찍거나 이야기를 나누는 장면은 한 폭의 그림이다. 이것이 바로 지구촌의 미래 모습이 아닐까? 새삼스레 살아 숨 쉰다는 사실이 고맙다.

이곳에 오면 빠뜨리지 말아야 할 것이 하나 있다. 유람선을 타 보는 것이다. 애거사 크리스티도 보스포루스의 유람선에서 추리 소설을 썼다고 하지 않는가? 배 안에서 타지키스탄 여인을 만났다. 그녀는 금방 터키 가이드와 친구가 된다. 중앙아시아의 이른 바 −탄,−탄,−탄의 나라들(카자흐스탄, 우즈베키스탄, 타지키스탄, 투르크메니스탄, 키르기스스탄)은 모두가 터키를 좋아한단다. 깊은 투르크 계열이기 때문이다.

투르크인들은 우리를 볼 때마다 피를 나눈 형제라는 말을 곧잘 한다. 6 · 25 때 미국 다음으로 많은 3,321명을 희생시키며 함께 싸운 혈맹이요, 같은 인종과 언어, 문화의 뿌리를 가진 형제라고 생각한다. 돌마바흐체 궁전 앞에서 보는 오스만 군인의 의장사열은 이슬람이라기보다는 몽골 군대를 옮겨 온 듯하다. 벨리 댄스장에서 공연되는 전통음악은 색동저고리 입고 아리랑을 부르는 우

한국에서 판매되고 있는
터키식 케밥

리네 가락이다. 국립박물관의 안내원은 우리가 한국에서 왔다고
하니 혈맹이라고 좋아하면서 묻지도 않은 자기 고향 이야기를 하
며 계속 따라다닌다. 케밥으로 대표되는 음식도 우리네 입맛에 쉽
게 맞는다. 한일 월드컵 때 터키 축구의 경기 스타일이 유달리 우
리와 흡사했던 것도 우연이 아닐 것이다.

초행길인데도 외국 같지가 않고 마음이 편하다. 이런 사람들을
어찌 잊을 수 있겠는가? 앞으로 터키를 사랑할 수밖에 없다. 기회
될 때마다 자주 와야겠다.

빛나는 역사, 천혜의 자연, 이슬람과 통하고 유럽뿐만 아니라 중

앙아시아까지 두드릴 수 있는 교두보. 그동안 터키는 그런 소중한 보물들을 품에 안고 우리에게 다정하게 미소 지었다. 이런 나라를 우리는 왜 소 닭 보듯 하였을까?

이제 우리가 응답할 차례다. 투르크 전사들에게 뜨거운 가슴을 열어야 한다. 서울과 앙카라 같은 자매도시가 더 많이 나와야 한다. 이 땅에 둥지를 트는 제2의 현대자동차 공장, 현대가전 공장이 계속 이어져야 한다. 터키가 독창적인 새 문화를 창조하는 데 힘을 보태야 한다. 그것은 같은 몽골리안인 우리의 숙제이기도 하기 때문이다.

아쉬운 이별을 하면서 김춘수의 시를 읊는다. 터키 땅에 우정과 사랑의 꽃씨를 뿌리는 마음이다.

내가 그의 이름을 불러 주기 전에는
그는 다만 하나의 몸짓에 지나지 않았다.
내가 그의 이름을 불러 주었을 때
그는 나에게로 와서 꽃이 되었다.

이탈리아

로마의 메시지

이 세상에 태어나 로마를 직접 볼 수 있다는 것은
커다란 행운이다.
오늘날 인류의 삶을 재단하는 틀은 싫든 좋든 간에
서쪽 나라들(西洋)이 만든 것이고
그 토대가 바로 로마 제국이니
현대 문명의 발원지를 거닌다는 사실에 가슴이 벅차지 아니한가?
위대한 역사에 마음을 던져 흠뻑 취해 보자.

이탈리아 로마의 레오나르도 다빈치 공항에서 숙소로 가는 길 양옆으로
커다란 대리석 건물들이 오랜 전통의 무게를 견디며 서 있다.

역시 로마구나, 하는 느낌을 준다.

그런데 웬 낙서가 이리도 많은가?

현대식 건물과 옛날 건물, 고급 주택가와 허름한 골목을 가리지 않고

제멋대로 갈겨쓴 낙서가 이어지는데 가끔 'No War' 구호도 보인다.

이탈리아가 자랑하는 디자인을 한 것은 아닐 터이니

도시 전체가 빛나는 보물인 로마의 얼굴에 먹칠을 하는

시민들의 마음과 행정당국의 안일한 자세가 쉽게 이해가 가지 않는다.

기대에 부풀어 있던 나의 마음에 실망의 낙서가 쓰인다.

우리네 삶을 살펴보면

부모 덕분에 별 고생 않고도 잘사는 사람이 있는가 하면

없는 집안에 태어나 악전고투하며 겨우 입에 풀칠하는 사람이 있다.

이탈리아는 조상 덕에 살면서 물려받은 재산을 소비하는 나라다.

이들은 조상이 위대하다는 것을 너무나 잘 알고 있기에

연일 수많은 외국인들이 찾아오는 것이 당연하다고 생각할 뿐

감사하고 서비스하는 마음은 부족한 것 같다.

공중화장실도 드물고

미국의 CIA 직원도 당했다는 말이 있을 정도로 소매치기의 악명이 높으며

나그네를 감싸 안는 친절한 인정이나 선한 눈빛도 만나기 어렵다.

그런데도 사람들은 왜 이곳을 줄지어 찾고 있을까?

위대한 과거 로마를 보고 그 정신을 느껴 보고 싶기 때문이다.

콜로세움

무엇인가를 배워 가서, 자신들의 미래를 좋게 만들기 위함이다.

이탈리아는 과거의 것으로 꽉 채워져 빈 공간이 적다.

다만 지나간 영광을 소비하고 있을 뿐이다.

하면 우리는 어떠한가?

과거 별로 내세울 것 없고, 채울 것 많지 않기에

새로움을 만들어 갈 빈 공간이 많다.

앞으로 다가올 희망찬 미래를 얼마든지 주워 담을 수 있다.

화려한 옛 로마의 유적을 보면서, 아니 오늘의 이탈리아를 접하면서

진정한 우리의 가치와 자신감이 선명하게 느껴진다.

콜로세움은 원래 습지대였던 곳을 기초공사를 하여 12미터 돋우고

대리석 십만 톤을 들여 건축한 오만 명 수용 규모의 원형경기장이다.

관람석은 신분에 따라 1층에서 4층까지 구분하여 앉도록 되어 있고

나무로 만든 경기장 바닥 밑으로 맹수 우리가 칸칸이 나누어져 있는데

십여 분 만에 모든 관중의 입·퇴장이 가능하며

해군이 상주하여 도르래로 커다란 돛과 같은 천을 말아

현대식 돔형 경기장처럼 햇빛과 빗물을 막았다.

천년을 넘게 견뎌 왔건만

제2차 세계대전 때 무솔리니가 전쟁에 쓰기 위해 철골을 빼내 가

군데군데 시커멓게 곰보가 되고 일부 벽이 허물어졌을 뿐

지금도 당장 사용할 수 있을 정도이니 그 견고함이 놀랍다.

경기장을 나오니 번쩍이는 창검을 치켜든 로마 기병 대신
관광버스와 관광객이 경기장 앞 광장을 꽉 메우고 있고
이탈리아 상인들이 한국 사람인 것을 용케 알아보고 접근하는데
그들의 어눌한 우리나라 말이 귓전을 파고든다.
"돈 많다."
"빨리 빨리!"
그들에게 비춰진 한국 사람의 인상이 아니길 바랄 뿐이다.

세계적인 도시 로마의 시청 청사는 고층의 현대식 건물이 아니다.
기원전 1세기에 처음 지어 몇 차례 증축한 것을 지금까지 쓰고 있다.
비밀문서 보관소의 맨 밑은 기원전 1세기에,
가장 윗부분은 15세기에 각각 지은 것으로
이천 년의 역사가 한 건물에 자연스레 녹아 있다.
자신들의 역사를 사랑한다는 것은 바로 이런 것이 아닌가!
그저 책이나 머릿속에서 관념으로 떠올리는 것이 아니요,
보고 감상하며 사진 찍는 것만도 아니다.
다소 낡고 불편하더라도 버리지 않고
오래된 옛 벗처럼 늘 함께하는 것이다.

시청 옆에 있는 포로 로마노(Foro Romano)
로마의 시조인 로물루스가 정착했던 팔라티노 언덕 바로 아래에 있다.
포로가 광장이란 뜻으로 영어 Forum의 어원인 데서 보듯이

지금은 건물의 형체와 터만 남아 있으나
바로 이런 장소야말로 오늘날 유럽의 토론식 민주주의의 뿌리이리라.
높고 넓은 견고한 성벽에 둘러싸인 중국의 황궁이 풍기는
위압적인 분위기와는 다른 종류의 화려함과 장엄함이 느껴진다.

포로 로마노

바티칸 시티

로마 시대 시민과 정치인들이 주요 현안을 토론하던 곳으로
개선문, 대신전, 원로원, 공회당이 밀집한
정치, 종교, 상업의 중심이었다.
서고트족이 침입할 때 파괴되어
지금은 건물의 형체와 터만 남아 있으나
바로 이런 장소야말로 오늘날 유럽의 토론식 민주주의의 뿌리이리라.
높고 넓은 견고한 성벽에 둘러싸인 중국의 황궁이 풍기는
위압적인 분위기와는 다른 종류의 화려함과 장엄함이 느껴진다.

로마에 왔으니 바티칸 교황청을 보지 않을 수 없다.
대학 캠퍼스 넓이에 불과한 세계에서 가장 작지만, 그러나 큰 나라
신생아가 없고 평균연령이 가장 높은 나라

시스티나 성당

매우 잘 살지만 소득세가 없는 나라
자금이 어떻게 조성되고 어떻게 지출되는지 비밀에 쌓여 있는 나라
독재자 무솔리니가 조국 이탈리아에 공헌한 게 하나 있다.
교황과 라테라노 조약을 맺어 로마 교황청을 독립국으로 인정하였으니
이탈리아는 정교분리가 되어 좋고
교황청은 이탈리아에 속한 것보다 권위가 더 높아졌다.
완전한 악과 완전한 선이라는 것은 있을 수 없나 보다.

미켈란젤로의 〈최후의 심판〉과 〈천지창조〉.
직접 보니 그의 천재성과 종교적 열정이 느껴진다.
재미있는 것은 〈최후의 심판〉인데
미켈란젤로를 비방했던 성직자 비아조다 체제나는 지옥에 그려 넣고
자신은 피부가 찢겨져 아주 못생긴 몰골이지만 천당에 그렸으니
어린아이처럼 순진한 구석이 있었던 사람이다.
예배당 안에는 관광객들이 꽉 차 발 딛을 틈이 없고
곳곳을 지키는 경비원의 자세가 자못 위세 당당한 것이
스페인이나 터키의 순박함이나 겸손함과는 다르다.

이탈리아 정부는 많은 유적을 제대로 보존하기 위해 규제를 한다.
도시 건축물에 대한 고도제한은 없으나
보수공사 등을 할 때 매우 제한적으로 허가하며
개인 소유 문화재도 국가가 통제하고

시스티나 성당의 미켈란젤로 작품(↑〈최후의 심판〉 ↓〈천지창조〉의 일부분)

로마 시내

보수를 할 때에는 소요자금의 절반을 보전해 준다.
로마는 원래 습지대로 계속 땅을 메웠기 때문에
지하 문화재가 지금도 많이 발굴되어
지하철 2호선 건설에 20년이 걸렸다.

역시 로마는 로마다.
보면 볼수록 화려하다.
그러나 동시에 의문도 커져 간다.
양을 치던 삼천 명의 라틴족!
시오노 나나미가 《로마인 이야기》에서 말하듯이
지성에서는 그리스인보다 못하고
체력에서는 켈트인이나 게르만인보다 못하고
기술력에서는 에트루니아인보다 못하고
경제력에서는 카르타고인보다 뒤떨어졌던 그들이
어떻게 그들을 모두 정복하고 세계 제국을 건설할 수 있었을까?

우선 꼽을 수 있는 것은
다민족, 다종교, 다문화의 코스모폴리탄적 사고(Cosmopolitanism)다.
과거 몽골리아 제국이나 오늘의 미국과 다름이 없다.
편협한 단일민족 중심적 사고로는 결코 세계를 지배할 수 없으니
일본이나 스페인이 그 예다.
그리고 여러 건축물과 사회제도에도 잘 나타나 있는

실용주의와 합리주의에 뿌리를 둔 건강한 국민정신

외부 위험에 사회 지도층이 먼저 몸을 던지는 노블레스 오블리주

법에 의해 사회가 굴러가는 법치주의의 시스템적 사고

'모든 길은 로마로 통한다'라고 할 만큼 과학적이고 튼튼한 인프라

그 외에도 결과를 보고 원인을 꿰어 맞추는 경기 해설자처럼

여러 가지를 더 말할 수 있겠지만

이 정도만 하더라도 동서고금에 비견될 나라가 과연 얼마나 되겠는가!

그러나 아쉽게도

오늘의 이탈리아에서 더 이상 위대한 로마인은 찾기 어렵다.

우리의 서울과도 같은 교통질서를 보고

어찌 로마의 법치주의를 떠올릴 수 있으며

이곳에 살고 있는 현지 교민들이 정을 붙이지 못하는데

코스모폴리탄을 말할 수 있겠는가.

2002년 한일 월드컵 축구에서 한국과의 경기 결과를 받아들이는 태도를 보고

과연 실용적이고 합리적이라 할 수 있을까.

아직은 이탈리아가 그런대로 잘살고 있지만

분명 위대한 로마의 모습은 아니다.

로마인의 피를 이어받고 이렇게 다를 수가 있는가?

이들이 위대한 로마를 건설하고 세계를 지배했던 사람들인가.

개인의 과거 경력이 지금 이 순간을 보증할 수 없듯이

역사가 아무리 화려하더라도 오늘을 담보할 수는 없는가 보다.

피를 이어받았다고 그 정신까지 그대로 계승되는 것은 아니니

민족의 정신과 자질은 타고나는 것이 아니라

그 시대 상황과 자연의 인연 따라

민족 스스로가 변화시키고 만들어 가는 것임을

로마는 보여 주고 있다.

흐르는 게 어디 물뿐이겠는가

흔히 견문이 좁아서 넓은 세상을 보지 못하는 것을 '우물 안 개구리'라 한다. 원래 《장자》의 〈추수편(秋水篇)〉에 실려 있는 '井中之蛙(정중지와) 不知大海(부지대해)'에서 유래된 말이다. 좁은 우물 안에서 하늘을 보면 넓은 하늘이 제대로 보일 수 없다. 고착된 인식의 틀을 과감하게 벗어던져야 사물의 실상을 있는 그대로 정확하게 꿰뚫어 볼 수가 있는 것이다.

요즘 같은 글로벌 시대에 우물 안 개구리 같은 사고는 하루빨리 청산되어야 한다. 우리나라처럼 국토 면적이 작은 나라는 생각이라도 크고 넓어야 살아남을 수 있다. 전 세계가 시장인 '물류'의 경우 더더욱 그렇다.

중국이 곧 동양이다?

얼마 전 한 신문에서 《동양철학 에세이》라는 책에 대하여 소개하는 글을 보았다. 내용이 단지 공자와 노자에 관한 것이었다. 사소하다고 넘겨 버릴 수도 있겠으나 우리 사회에 내재돼 있는 의식의 일단을 보는 것 같아 가슴이 답답해졌다. 공자와 노자만 이야기하면서 어떻게 동양철학이라고 할 수 있는가? 중국 철학 내지는 백 걸음을 양보하여 동북아 철학이라고 말해야 옳다.

과거 우리 조상들은 오히려 지금의 우리보다 크나큰 생각의 영토를 가지고 있었다. 세계를 폭넓게 보고 그 흐름에 능동적으로 대응했다. 일찍이 고구려는 중국 대륙과 중앙아시아 및 일본을 두루 살피면서 균형 있게 교류했다. 그렇기 때문에 동북아를 호령할 수 있었다. 신라의 혜초는 불법을 구하러 인디아까지 갔다. 고려 시대 벽란도에는 멀리 아랍 상인들이 왕래하며 교역을 하던 모습이 담겨 있다.

그러던 것이 조선에 와서 우리가 생각하는 세계는 오직 하나, 중국으로 좁혀졌다. 같은 핏줄인 만주족이나 몽골족을 오랑캐라 업신여기고 오직 한족과 한족의 문화만을 추종하고 편식하였다. 수백 년 전국 시대를 통일한 도요토미 히데요시나 메이지 유신의 일본, 러시아와 서양 문명은 철저히 부정하였다. 넓은 바깥 세계를 이처럼 좁은 눈으로 보았으니 결국 나라를 잃은 것이 그 업보가 아니었겠는가?

그런데도 아직까지 '중국이 곧 동양'이라고 생각하고 있다니, 오백 년 동안 우리를 짓눌렀던 낡은 인식의 찌꺼기가 너무 두터웠던 것 같다. 더욱 큰 문제는 우리가 이런 부분에 대해 제대로 주의를 기울이지 않는다는 점이다. 더구나 '동양'이라는 말에는 우리와 비슷하여 친숙하다는 정서가 은연중에 녹아 있다. 요즈음 중국이 부상하면서 우리 사회 전반에 중국 쏠림 심리가 복고풍으로 가속화되는 현상이 감지되는 터라 더욱 걱정이 된다.

지리적으로 동양은 서양에 대비되는 개념으로 아시아를 말한다. 아시아는 동북아에 중국, 몽골과 러시아가 있고, 동남아시아, 인디아로 대표되는 서남아시아, 과거 실크로드로 인류 문명의 파이프라인이었던 중앙아시아, 중동까지 실로 다양하다. 면적으로는 세계의 1/3이고 인구는

60%를 차지하여 사실상 그 비중이 지구 전체의 절반에 이른다고 할 수 있다. 사실이 이러한데도 우리가 중국 하나를 동양으로 생각한다면 스스로를 작게 만드는 어리석은 일이 아니겠는가?

동양의 범위를 넓혀라

이제는 우리 시각을 근본적으로 바꿔야 한다. 우리의 경제활동이 아시아 구석 곳곳에서 활발하게 이루어지고 있듯이 우리 정신세계를 지칭하는 동양의 범위에 아시아 곳곳이 모두 친근하게 자리 잡아야 한다. 오늘날 세계 경제의 큰 흐름은 태평양-미국-대서양을 축으로 이루어지고 있다. 그러나 15세기 유럽의 식민지 개척 전까지만 해도 인류 문명의 대동맥은 중앙아시아의 실크로드 물류였다.

해가 뜨고 지듯 역사는 돌고 돈다. 대륙이 다시 역사의 조명을 받는다면 몽골과 중앙아시아는 우리에게 기회의 땅이 될 것이다. 우리를 형제라 부르는 중동의 터키는 유럽과 아시아를 잇는 전략적 요충지를 장악하고 있는 미래 강국이다. 무서운 기세로 솟아오르는 인디아는 이미 그 존재 자체만으로도 지구촌의 대국이다. 그들 모두는 우리와 먼 서양이 아니다. 바로 우리의 가까운 이웃이요 동양이다.

이런 인식의 전환이 이루어지면 가장 효과를 볼 수 있는 분야 중 하나가 교통·물류다. 물류허브 정책을 추진하면서 한·중·일 3국만을 고려한 전략은 지역적 범위가 너무 좁다. 국가 규모가 작은 우리로서는 역내국가인 중국과 일본의 변화에 일희일비 하면서 수동적으로 대응할 수밖에 없다. 역내국가로만 이루어진 폐쇄모형으로는 서로가 제로섬 게임이 되고 자생적 물동량이 적은 우리가 상대적으로 불리하기 때문이다.

생각의 크기를 키워라

우선 우리 생각의 크기부터 키워야 한다. 물류는 면이 아니라 점과 점을 연결하는 선이고 흐름이지 않은가? 시야를 아태지역 전체로 확대하여 개방모형으로 접근하면 한반도의 지정학적 강점이 극대화 된다. 우리가 현재 세계 물류의 트렁크라인인 태평양라인과 미래 세계 물류를 새롭게 이끌어 갈 대륙의 신 실크로드를 잇는 고리 역할을 할 수 있다. 물량이 지속적으로 확대 재생산되어 한·중·일 모두에게 이득이 된다. 이제 공항과 항만, 철도와 같은 SOC(사회간접자본)를 건설하고 운영하는 전략도 달라져야 한다. 다소 투자의 효율성이 낮더라도 처음부터 대륙 전체를 보고 입지, 설계, 건실, 운영되어야 한다. 인프라는 짧은 시간에 이루어질 수 없고 선점이 관건이기 때문이다.

이런 접근이 유효하기 위해서는 국내 차원에서 우리의 진정한 경쟁상대가 누구인지에 대해서도 성찰이 필요하다. 수도권과 지방, 영남과 호남, 중부권과 비중부권은 서로 제로섬 게임처럼 다퉈야 하는 경쟁자가 아니다. 자신만의 강점을 특화하고 부족한 부분은 협력해야 한다. 서로 남의 것을 빼앗으려는 분산의 작은 경제가 아니라 통합의 큰 경제로 진화해야 한다. 왜냐하면 우리의 궁극적인 경쟁상대는 결국 중국, 일본 나아가 전 세계이기 때문이다.

우물에서 뛰쳐나와 물류를 열자

　우리가 치열한 국제경쟁을 뚫고 나갈 수 있는 해답은 바로 우리 자신의 생각을 크게 열고 넓히는 데서부터 찾아야 한다. 조선 이후 수백 년에 걸쳐 우리를 알게 모르게 둘러쌓아 온 우물에서 뛰쳐나와 넓은 하늘을 바로 보아야 한다. 아시아의 모든 나라가 동양이라는 낱말에 자연스레 묻어날 수 있어야 한다.

　물류정책도 그 토대 위에서 디자인되고 집행되어야 한다. 그때 비로소 미래로 세계로 향한 교통·물류의 길이 활짝 열릴 수 있을 것이다. 이제부터 전체 아시아와 태평양을 바둑판 하나로 보고 큰 틀로 접근하자. 크게 생각하면 큰 시장이 보이는 법이다.

최남선의 바다를 보라

비록 말년에 친일 행적으로 흠을 남겼지만 육당 최남선(1890~1957)은 20세기 우리나라의 대표적 계몽사상가요 문인이며 사학자다. 독립선언서를 기초하고 민족대표 48인 중 하나였으며 진흥왕 순수비를 발견하기도 하였다. 그는 1908년 11월 1일에 최초의 근대 잡지라 일컬어지는 《소년(少年)》을 창간했다. 오늘날도 그날을 '잡지의 날'로 기리고 있다.

그는 잡지 《소년》의 창간호 맨 앞에 우리나라 최초의 자유시인 〈해(海)에게서 소년에게〉를 발표했다.

처…ㄹ썩, 처…ㄹ썩, 척, 쏴…아.
따린다, 부순다, 무너 바린다.
태산 같은 높은 뫼, 집채 같은 바윗돌이나.
요것이 무어야, 요게 무어야.
나의 큰 힘 아나냐, 모르나냐, 호통까지 하면서
따린다, 부순다, 무너 바린다.
처…ㄹ썩, 처…ㄹ썩, 척, 튜르릉, 꽉.
……

1년 후 그는 《소년》에 다시 〈바다를 보라〉를 실었다.

가서 보아라!
바다를 가서 보아라!
큰 것을 보고자 하는 자
넓은 것을 보고자 하는 자
기운찬 것을 보고자 하는 자
끈기 있는 것을 보고자 하는 자는
가서 시원한 바다를 보아라!
응당 너희들이 평일에 바라던 바 이상을 주리라
……
우리가 가장 다른 나라 사람에게 자랑하는 바는
또 우리 스스로가 행복으로 아는 일은
곧 3면이 바다에 둘러싸인 나라에 남이니라

그가 말한 '바다'의 의미

1995년 김영삼 대통령이 해양수산부를 만들었다. 곧이어 해양수산부
장관실에는 바다를 중심으로 하여 거꾸로 그린 세계지도가 붙었다. 청
해진 대사 장보고가 동북아 삼각무역의 개척자로 언론에 자주 등장했
다. 최남선이 바다를 주제로 한 위의 시들도 곧잘 인용되었다. 나도 우
리나라가 바다를 중시하고 바다로 나가야 한다는 데는 이견이 없다. 그
러나 그것이 대륙보다는 바다가 더 중요하니 이제 정책을 전환해야 한

다는 논리라면 조금 더 생각해 보라고 말하고 싶다.

　최남선이 '바다를 보라'에서 말했듯이 우리나라는 3면이 바다인 반도 국가다. 반도는 그 지정학적 특성 때문에 대륙과 바다를 균형 있게 살펴야 한다. 그래야 육당의 말처럼 다른 나라 사람에게 자랑하고 우리가 행복할 수 있다. 위 두 편의 시에 등장한 바다는 대륙과 대칭되는 물리적 공간인 바다가 아니다. 그것은 반도 국가임에도 이제까지 바다를 멀리하고 대륙만을 보아 온 조선의 어리석은 역사에 대한 후회다. 바다를 통해 이 땅에 건너온 신문명에 대한 동경이다. 그들의 압도적 우위에 대한 놀라움이다. 새로운 세계에 대한 꿈과 기대이며 젊은이들의 시대적 각성과 개화 실현에 대한 의지다. 우리가 바다를 그러한 모습으로 볼 때 비로소 바다는 우리 앞에 진취적이고 웅장한 그 본 모습을 드러낼 것이다. 해양수산부나 국토해양부에 표현되어 있는 해양도 진실로 우리의 것이 될 수 있을 것이다.

　우리나라가 남북으로 분단된 이후 남한은 사실상 섬나라가 되었다. 북한이 대륙 세력에 편입되면서 우리와 대륙의 길은 끊어졌다. 우리는 살기 위해서 유일하게 길이 열려 있는 바다로 나갈 수밖에 없었다. 베트남에 가서 귀중한 피를 흘렸고 중동의 사막에 가서 땀을 쏟았다. 간호사들은 독일에 가서 눈물을 뿌리며 빵을 구했다. 다행히 미국을 비롯한 해양 세력들도 우리에게 큰 힘이 되어 주었다. 오늘의 대한민국은 바로 이렇게 우리 선배들이 해외에서 피와 땀과 눈물을 흘렸기에 가능했다.

대륙과 바다를 같이 보라

 앞으로는 어찌해야 할까? 물론 바다로 계속 힘차게 나아가야 할 것이다. 그러나 그것만으로는 부족하다. 이제 대륙에도 새롭게 눈을 돌려야 한다. 말하자면 바다와 대륙 모두를 보아야 한다. 헐벗고 굶주린 북한 주민들, 통일 등과 같은 역사적 과제를 풀어 가는 데 있어 기존의 접근으로는 한계가 있을 수밖에 없다. 이제 대륙에서 새로운 돌파구를 마련할 때다. 북한과 연결되지 않는 한 우리는 여전히 섬일 수밖에 없다. 끊임없이 대륙과 다리를 놓아야 한다. 과거 바다 건너 세계 구석구석을 누볐듯이 대륙 깊고 외진 곳일지라도 마다하지 않아야 한다.

 최남선이 '바다를 보라'고 한 것은 옳은 말이었다. 바다는 우리에게 새로운 세계요 희망이었기 때문이다. 당시에는 특히 그러했을 것이다. 그러나 이제는 '대륙도 보라'고 해야 한다. 그래서 바다와 대륙을 한눈에 볼 수 있어야 한다. 더 큰 대한민국이 되기 위해서 말이다.

대한민국 운명을 여는 세 가지 열쇠

　대한민국은 참으로 자랑스러운 나라다. 독립한 지 불과 70년도 되지 않아 세계 10위권의 경제대국으로 발전했다. 정치 민주화도 실현했고 체육 등 사회 여러 분야에서 저마다 세계 경쟁력을 돋보이고 있다. 변변한 자원 하나 없는 작은 나라에서 분단과 동족상잔의 비극을 딛고 일구어 낸 성과라고는 믿기지 않을 정도다. 사실 기적이라 말해도 지나치지 않다.

　그러나 오늘날 우리가 처한 현실은 그리 녹록지 않다. 오히려 매우 위험하고 중요한 국면에 놓여 있다. 무엇보다 한반도는 세계 1, 2, 3, 4위의 강대국이 포위하듯 둘러싸고 있다. 동서고금 역사를 통틀어 이런 사례가 흔치 않다. 거기다가 허리가 잘리어 상반신과 하반신이 따로 놀고 있다. 엎친 데 덮친 격이라고나 할까? 최근 중국이 급부상하면서 상황은 더욱 어려워졌다. 과거 조선 말기 세계 열강이 우리를 호시탐탐 노릴 때보다 더욱 어려운 여건이다. 물론 남한의 경제력이 만만치 않지만 그래도 당시에는 남북이 갈라지지는 않았다. 냉정하게 본다면 생존도 벅찬 위기 상황이라 하지 않을 수 없다. 등에 식은땀이 흘러야 마땅하다.

대한민국 운명의 열쇠

　이런 현실에서 우리 스스로를 지켜 내려면 어찌 해야 하는가? 문제가 어렵고 복잡할수록 기본으로 돌아가라는 말이 있다. 무엇보다 먼저 한반도와 동북아시아를 움직이는 근본 요소를 찾아내는 것이 중요하다. 그래야 우리를 둘러싼 초강대국들과의 관계에서 발생할 수 있는 여러 문제를 예견하고 선제적으로 대응할 수 있다. 또한 예측하지 못한 문제가 돌발적으로 일어날 경우에도 당황하거나 흔들림 없이 슬기롭게 해결할 수 있다.

　과거 우리 역사를 봐도 동북아시아를 움직이는 근본 법칙을 이해하고 이를 적절히 활용했을 때에는 발전했으나 그렇지 못한 경우에는 불행한 일이 발생했다. 앞으로도 그 흐름은 달라지지 않을 것이다. 왜냐하면 동북아시아의 지정학적 특성과 이곳에 사는 사람들은 그때나 앞으로나 같을 수밖에 없기 때문이다. 그런 점에서 동북아시아를 움직이는 핵심 원칙은 이 지역의 주요 문제를 읽을 수 있는 프리즘이며 미래 대한민국의 운명을 여는 열쇠라 할 수 있다. 과연 그 열쇠는 무엇일까?

하나_ 대륙과 해양의 균형감각

　첫째는 대륙과 해양의 균형이다. 지정학적으로 한반도는 아시아 대륙과 태평양의 연결 지점에 위치하고 있다. 반도는 자신의 힘이 강할 때는 대륙과 해양에 쉽게 진출하여 이들을 모두 아우를 수 있다. 대표적인 예가 이탈리아 반도의 로마와 아나톨리아 반도의 오스만터키다. 반면에 힘이 약할 때는 대륙 세력과 해양 세력 사이에서 생존을 위한 곡예를 해야 한다.

352

우리나라 역사에서 대륙과 해양을 모두 품을 수 있는 국력과 의지가 있던 나라는 고구려와 발해였다. 이들이 망한 후에는 해양보다는 대륙의 세력이 강한 조건이 계속되었다. 이런 질서에 처음으로 반기를 든 사건이 임진왜란이었다. 그것은 대륙 세력에 대한 해양 세력의 도전이었다. 당시 대륙 세력인 한족의 명나라에게 철저히 의존하고 있던 조선은 그들의 힘을 빌려 해양 세력을 물리칠 수 있었다. 반면 병자호란은 대륙 세력의 주인이 한족에서 만주족으로 바뀌는 변화를 외면한 결과였다. 대륙과 해양의 균형이란 관점으로 볼 때 조선은 스스로 힘이 약했고 연합할 해양 세력도 없었으므로 대륙의 새 주인인 만주족과 화의하는 것이 바른 선택이었다. 하지만 만주족을 오랑캐라 하여 적대했으니 죄 없는 백성들만 피해를 볼 수밖에 없었다.

　우리 역사를 일관했던 대륙 세력 우위의 구조는 조선말에 이르러 근본적으로 바뀌게 되었다. 서양과 메이지 유신의 일본은 천 년간 이 땅을 지배해 왔던 대륙 세력을 모든 면에서 압도했다. 조선의 지도층은 우리 역사상 최초로 일어난 거대한 변화를 전혀 알아채지 못했다. 아니 이런 관점조차 가지고 있지 못했다. 사실 한국강제병합도 대륙 세력과 해양 세력의 교체라는 도도한 흐름을 제대로 읽지 못한 결과였다면 과장일까?

　현대도 마찬가지다. 6·25는 외견상 공산주의와 민주주의의 대결이었지만 동북아시아의 관점에서 볼 때는 대륙과 해양의 충돌이었다. 그것은 중공군이 이 전쟁에 개입한 숨은 이유이기도 하다. 지난 3월 발생한 천안함 사건에 대한 중국의 태도는 이를 더욱 확실하게 보여 주고 있다. 중국은 결국 북한의 손을 들어 줄 수밖에 없다. 북한이 중국을 적대시하지 않는 한 말이다. 왜냐하면 중국은 해양 세력인 미국이 자기들 코앞에 오는 것을 용납할 수 없기 때문이다. 러시아가 소극적 태도를 보이는 것도 같은 이유에서다. 아마도 김정일은 이러한 중국과 러시아의 속내를 읽었을 것이다.

　오늘날 분단된 한반도에서 북한은 대륙 세력이고 남한은 해양 세력이다. 이는 한반도가 남북으로 갈라지면서 짊어질 수밖에 없는 우리의 지정학적 운명이다. 남북이 어느 한 세력에 속하거나 두 세력 간에 힘의 우열이 확실할 때는 우리의 통일이 보다 쉽게 이루어질 수 있다. 그러나 소련의 붕괴 이후 잠시 우리 쪽으로 쏠리는 듯하던 힘의 축이 중국이 부상하면서 두 세력이 다시 팽팽히 맞서는 형국이 되고 말았다. 우리 정부의 천안함 사건 조사 결과 발표 이후 한 중국 언론이 "남한은 우리의 협조 없이 어떠한 사안도 결정할 수 없다는 사실을 알아야 한다."고 말한 것은 우리로 하여금 많은 생각을 하게 한다.

둘_ 몽골리안의 관점

　두 번째는 한족과 몽골리안이라는 혈통적 · 문화적 DNA다. 동북아시아는 유사 이래 한족과 몽골리안으로 양분되어 왔다. 그 중 한반도는 중앙아시아, 몽골, 만주, 일본으로 이어지는 몽골리안 벨트에 속해 있다. 혈통적으로나 문화적으로나 우리 뿌리는 몽골리안이다. 그 뿌리로부터 부여, 고구려, 백제, 신라, 발해, 고려가 차례로 몽골리안의 정신과 문화를 면면히 이어 왔다. 고구려는 한족의 한사군을 쫓아 내고 만주족을 백성으로 안았으며, 대외적으로는 수와 당에 대항하여 같은 몽골리안인 투르크와 동맹을 맺었다. 발해와 고려는 고구려의 후예를 자처했다. 고려 시대 몽골이 6차에 걸쳐 침입하였으나 사실 다른 나라와 비교해 보면 상대적으로 우리를 온건하게 대했다. 몽골이 우리를 부마국으로 삼은 것도 다른 나라와는 다른 대우였다. 이처럼 우리는 수천 년 동안을 몽골리안의 울타리 안에서 살아왔다.

그러나 조선에 이르러 그 틀이 근본적으로 바뀌었다. 말하자면 우리 역사의 패러다임 시프트가 이루어진 것이다. 핏줄은 변함없으되 그 문화와 정신이 수렵·유목에서 농경·정착으로 변하고 유학(儒學)을 매개체로 하여 소위 소중화(小中華)를 내세우며 한족 지향이 된 것이다. 조선을 이은 오늘날의 대한민국은 몽골리안이나 한족의 문제에 대해 그다지 관심을 두고 있는 것 같지 않다. 우선 남북문제가 발등의 불이기 때문일 것이다.

그렇다면 중국은 어떠한가? 역사 이래 황하 유역은 땅이 넓고 물자가 풍부하여 한족과 몽골리안이 흥망성쇠를 반복하며 교대로 지배해 왔다. 중국의 역대왕조 가운데 진·한·수·당·송·명은 한족이, 요·금·원·청은 몽골리안이 세웠다. 이를 해석하는 중국의 전통적 역사관은 사마천의 《사기》에서 비롯된다. 한족은 가운데서 빛나는 중화(中華)이고, 동서남북에 동이·서융·남만·북적 등의 오랑캐가 있는 구조다.

그러나 수천 년을 내려오던 이 틀이 마오쩌둥에 이르러 근본적으로 바뀌었다. 오늘날 중국 땅에 사는 모든 민족을 '중화민족'이라 하여 중국 역사를 통째로 재해석한 것이다. 이런 관점에 따르면 요·금·원·

청은 이민족이 한족을 지배한 것이 아니라 '중화민족'이 세운 또 다른 왕조에 불과하다. 고구려가 중국의 역사라는 동북공정 프로젝트도 이 작업의 일환임은 물론이다. 그러나 이는 민족과 국민이라는 개념의 차이를 의도적으로 무시한 것이다. 미국에 사는 우리 교포는 한민족이지만 미국인이다. 그것을 미국인이고 미국민족이라 부르는 꼴이니 아무리 생각해도 터무니없는 궤변이다. 그러나 역사의 여신은 한족에게 관대하다. 한족을 정복한 만주족이 오히려 한족에게 동화되었고, 중국 내에서 한족의 인구비율이 압도적인 우위를 차지하면서 이런 궤변이 어느 정도라도 먹혀들고 있으니 말이다.

앞으로 우리의 대외정책에 있어 한족, 몽골리안의 관점은 중요하게 고려해야 할 전략적 요소가 될 수 있다. 중국의 경제발전으로 소수민족들의 의식이 깨어나고 과거 실크로드 시절처럼 대륙이 다시 조명을 받게 되면 이 문제가 본격적으로 표면화될 것이다. 이때를 대비해야 한다. 지금부터라도 민족 백년대계의 설계를 해 나가야 한다.

셋_ 적절한 교류와 견제

셋째는 원교근공(遠交近攻 : 먼 나라와 친교를 맺고 가까운 나라를 공격한다) 또는 이이제이(以夷制夷 : 오랑캐를 이용하여 오랑캐를 이긴다는 뜻으로 중국의 전통적인 주변 민족에 대한 정책이다. 어느 한 민족의 세력이 강해져 중국을 침범하는 것을 방지하기 위해 이민족끼리 서로 경쟁하게 함으로써 중국에 대항하지 못하게 하는 견제 정책이다)다. 이는 우리가 처한 현실적 이해관계를 고려한 전략이다. 원래 이이제이는 한족이 전통적으로 애용해 온 대외전략이다. 그들은 주변 몽골리안이 서로 분열하여 뭉치지 못하도록 끊임없이 이이제이 수법을 구사해 왔다. 당이 신라와 손잡고 고구려를 친 것이 대표적인 예다. 오늘날 남북한의 대결도 중국의 눈으로 볼 때 이이제이다. 그들로서는 바둑의 꽃놀이 패다. 북한이 있는 한 남한은 중국에 약해질 수밖에 없다. 상황이 이러한데 중국이 북한을 어찌 버리겠는가? 이것이 중국이 남북한을 바라보는 기본적 속내다.

이에 대해 우리는 원교근공 또는 이이제이로 맞서 왔다. 고구려가 양쯔강에 자리한 남조와 친교하면서 황하 유역의 북조를 견제한 것이 좋은 예다. 원교근공은 가까이 있는 사람은 큰 위협이 될 수 있고 멀리 있을수록 위협이 적을 것이라는 가정에 기초한다. 오늘날 우리를 둘러싸고 있는 세계 1, 2 , 3, 4위의 강대국 중 누가 우리 한반도에 가장 많은 욕심을 갖고 있을까? 태평양 멀리 떨어져 있는 미국? 아니면 이웃한 중국? 자신의 비대한 몸도 가누기 힘든 러시아? 늙어 가는 일본? 조금만 생각해 보면 그 답은 쉽게 나올 것이다.

늘 깨어 있으면서 깊고 넓게 보아야

현재 세계 10위권의 우리 경제만 생각하면 허리띠를 풀고 배를 두드리고도 싶을 것이다. 오늘날의 국내 문제에만 집착한다면 이런저런 의견이 있을 수도 있다. 그러나 긴 역사의 흐름에서 본다면 지금 우리는 운명이 결정되는 아주 중요한 순간에 있다. 아차하면 나락으로 떨어질 수도 있는 위기 상황이다. 한 치라도 빈틈을 보여서는 안 된다. 발생하는 사안에 단세포적으로 대응하는 것은 어리석은 일이다. 허장성세(虛張聲勢)나 비굴

함이나 나약함을 보이는 것도 피해야 한다. 아무 생각이 없는 무 개념과 피아(彼我)를 구분 못하는 자세도 안타까운 일이다. 해방 후 지금까지 우리는 치열하게 살아왔다. 그 결과 먹고 사는 문제를 어느 정도 해결했다. 이제 보다 깊고 넓은 눈으로 우리 민족의 운명을 새롭게 열어 갈 때다. 우리 후손들에게 당당한 나라를 물려주기 위해서라도 늘 깨어 있자.

이제 보다 깊고 넓은 눈으로 우러 민족의 운명을
새롭게 열어 갈 때다.
우리 후손들에게 당당한 나라를 물려주기 위해서라도
늘 깨어 있자.

시공을 초월하여 난세를 해부하고
그 해결을 모색하는, 치밀한 문학적 시술

　　　　　　　수필가 정상호의 글들은 우선 그 스케일
이 크고 웅장할 뿐만 아니라 상념의 폭 또한 대단히 넓다. 그래서
그의 수필을 읽다 보면 마치 말을 타고 광활한 대지를 달려 나가
고 있는 듯한 통쾌함이 있으며, 그 작품 속에서 산맥처럼 솟구쳐
오르는 웅비의 기상이 읽는 이들로 하여금 웅숭깊은 수필의 맛을
느끼도록 해 준다.

　그만큼 그의 수필이 일으키는 문학적 바람은 회오리바람처럼 장
대하며, 독자들의 가슴속을 파고드는 힘 또한 장마철의 격류처럼
거세다. 그러면서 독자들 자신이 이제까지 지녀 왔던 생각이나 상
념들이 얼마나 고루하고 편협했던 것인지도 깨닫게 해 주며, 좀
더 넓고 원대한 시야를 가질 수 있도록 이끈다. 세상에 대한 문학

적 태도도 분명해 보인다.

　역사칼럼 〈좁은 땅, 큰 나라〉에서 그는 이미 중학교 1학년 때 세계사를 공부하며 느꼈던 그 동서고금의 웅대한 역사들, 그리고 나폴레옹 · 칭기즈칸 등과 같은 영웅들과의 시대를 초월한 소통에 스스로 감격하며 웅비의 꿈을 키우던 모습을 되새겨 본다. 이와 함께 비좁은 땅에서 이어져 온 우리의 역사에 답답해하고 아쉬워하며 비록 땅은 좁더라도 새로운 방법과 끊임없는 도전을 통해 국가적 역량을 높이고 정치 · 경제 · 문화 · 기술력 · 스포츠 등에 있어서의 새로운 지평을 넓혀 나가야 한다고 역설(力說)한다.

　그 방법으로, 그는 이런 제시노 한나.

　…우리나라를 큰 나라로 만드는 방법은 여러 가지가 있을 것이다. 우선 국토를 열린 국토로 만들어 동북아 물류 중심국이 되고, 정보기술 강국이 되어 문화 대국이 되는 것도 당연히 필요할 것이다. 그러나 진짜 중요한 것은 국민 하나하나가 큰 사람(大人)의 풍모를 갖추는 것이다. 큰 사람이란 체격이 크다거나 도덕군자, 사회 지도층 인사가 아니다. 마음속에 스며 있는 냄비, 졸부, 소인배적인 근성들을 없애려고 노력한다면 바로 그 사람이 큰 사람이다.

나라도 마찬가지 이치일 것이다. 넓은 국토에 많은 인구를 가졌다고 큰 나라가 아니다. 비록 땅은 좁더라도 사회 곳곳에 배어 있는 비효율성과 폐쇄성, 부조리, 이기주의 등 후진적인 독소를 근절한다면 큰 나라로 가는 길은 이미 활짝 열려 있다고 할 수 있을 것이다….

  말하자면 그는 물리적으로 더 이상 넓히기 어려운 국토에 대한 집착 대신 정치 · 경제 · 기술 · 문화 등의 외연(外延)을 넓히는 데 주력하면서 우리 사회의 온갖 부조리와 부도덕한 행위, 그릇된 사고방식이나 비효율성 같은 것들을 속히 타파하고 우리의 정신력과 정신문화를 보다 강화함으로써 진정한 의미의 '큰 나라'가 될 수 있다는 것이다. 국가적 실리와 정신 혁명을 촉구하는, 그의 타당성 있는 외침이 설득력 있게 다가온다.

  〈태조 이성계의 눈물〉에서 작가는 소위 역성혁명(易姓革命)을 통해 고려를 없애고 조선이라는 새 나라를 세우고 왕이 된 태조 이성계의 불행한 노후, 굴곡진 삶을 섬세한 시선으로 재조명해 보고 있는데, 영웅으로 추앙되는 그의 서글프고도 비참한 뒷모습이 독자들의 가슴을 아리게 만든다. 또한 그는 여기서 강대국에 대한 약소국의 비애를 구체적 사실을 들어 보여 주고 있는데, 여기에는 그런 비애를 다시는 겪지 않도록 우리 모두 국가적 역량과 국민의 힘을 길러야 한다는 강한 메시지가 담겨 있다.

〈삼국지 유감〉에서 그는 가히 '삼국지 열풍'이라고 할 수 있는 우리 사회의 외국 고전 열풍 행태에 대해 깊이 관찰하면서 그 내면에 도사리고 있는 부정적인 부분들과 오류, 우리 사회 특히 청소년들에게 미치는 영향과 그 문제점 등을 논리적으로 조목조목 따져 보고 있다. 그러면서 이제는 우리 사회가 '삼국지 열풍'에 더이상 현혹되지 말고 우리 문학 발전에 힘써 세계적인 문화 강국으로 도약해야 할 때임을 강조한다.

우리 사회의 부조리한 상황을 뼈아프게 성찰하면서 우리 문학에 대한 깊은 애정과 강한 자아의식을 외치는 그의 목소리가 힘 있게 들린다.

〈물과 뭍의 방정식〉은 우리가 과거 주변의 강대국들 틈에서 온갖 고초를 겪으면서 살아왔던 역사를 거울삼아 보다 획기적이고

도 지혜로운 국가전략을 세우지 않으면 안 된다는, 21세기의 생존 전략을 해박한 지식과 뛰어난 식견을 바탕으로 제시하고 있는 작품이다.

우리 역사의 실상을 정확히 꿰뚫어 보고, 글로벌 시대에 걸맞은 우리나라와 우리 민족이 나아가야 할 길을 정확히 제시한 작품으로 여겨진다.

〈히딩크의 리더십〉에서 작가는 지난 2002년 서울 월드컵 때 축구 변방이었던 우리나라 축구팀을 4강에까지 올려놓음으로써 전 세계를 깜짝 놀라게 한 것은 물론 우리 국민 모두에게 커다란 기쁨을 선사하고 자긍심까지 갖게 해 주었던 네덜란드인 축구 감독 히딩크와 그보다 먼저 조선 시대 우리나라에 표류해 왔던 네덜란드 사람들과의 좋은 인연부터 이야기한다. 그런 다음 히딩크가 그런 놀라운 성과를 거둘 수 있었던 비결, 그 중에서도 파격적이면서도 뛰어난 그의 리더십에 대해 하나씩 따져 본다.

그는 히딩크 리더십의 특징을 첫째 목표 설정 능력, 둘째 사람을 올바로 쓰고 관리할 줄 아는 능력, 셋째 원칙과 기본에 충실한 자세, 넷째 통합 능력, 다섯째 확고한 믿음과 신뢰, 여섯째 주어진 환경을 적절히 이용할 줄 아는 능력 등 여섯 가지로 요약한다. 그러면서 히딩크의 이러한 리더십은 비단 축구에서만 유용한 것이 아니라 우리가 이 세상을 살아가는 데 있어서, 특히 대인관계와 비즈니스 등에 있어서 아주 유용하게 쓰일 수 있는 것들임을 강조한다. 히딩크의 리더십을 통해 본 작가의 예리한 분석력과 그의 리더십을 다양하게 활용할 수 있음을 역설(力說)한 작가의 뛰어난 식견과 논리적 주장이 돋보인다.

만주를 여행하며 쓴 〈그대는 신기루인가〉는 고구려의 광활했던 옛 영토, 그러나 지금은 중국 땅이 되어 버린 실지(失地)를 두루 여행하면서 느낀 비애와 안타까움 등을 진솔하게 잘 그려낸 수필 작품이다. 특히 고구려의 웅장하고 화려했던 옛 모습, 고구려인들의 그 활달했던 기상은 신기루처럼 사라지고 마구 파괴된 채 거의 방치되다시피 한 고구려의 유적들을 살펴보면서 느꼈던 아픔과 서글픔 같은 것들이 생생하게 묘사되어 있다.

…고구려는 한민족이라면 누구나 자랑스러워하는 우리의 역사이

고 세계적으로도 보호되어야 할 값진 문화유산이다. 그러나 만주에서 본 것은 그 후손인 우리가 무시되고 배제된 채 남의 손에 의해 철저히 훼손당하고 사라져 가는 초라한 몇 점의 유적들뿐이다. 더욱 갑갑한 일은 그런 섬뜩한 기도가 점점 더 본격화되고 노골화된다는 것이다….

…그러나 이런 당연한 주장도 쉽게 하지 못하고 속을 앓아야 하는 우리의 처지가 서글프다. 이런 문제에 대해 별달리 고민하는 것 같지 않은 우리 사회의 무심함도 안타깝다. 여행은 항시 즐거운 것이거늘 사랑하는 고구려가 왜곡과 망각의 칼날에 찢기어 힘차고 화려했던 모습을 잃어 가는 것 같아 참으로 가슴이 아프다….

지나온 우리의 역사를 되돌아보며 그 아픔의 흔적들을 통해 스스로 깨닫고 치유하고자 하는 노력. 그것이야말로 미래의 우리 삶을 보다 풍요롭게 할 수 있는 초석이 될 수 있을 뿐만 아니라 똑같은 과오를 범하지 않으면서도 우리 민족의 자긍심을 살릴 수 있는, 과거 역사를 통해 배우는 소중한 교훈이다.

〈하늘을 품은 하늘못〉은 우리 민족의 영산(靈山)인 백두산에 올라 보고 느끼고 깨달은, 백두산의 그 웅장한 모습과 솟구쳐 오르는 기상, 그리고 그런 속에서 스스럼없이 동화되는 자신의 모습 등을 힘찬 서사시처럼 묘사해 낸 작품으로써 특히,

…하늘 아래 두 날개를 펼치니
왼쪽은 압록이요 오른쪽은 두만이라.
아래로 백두대간 힘 있게 뽑아내어
금강불괴(金鋼不壞) 한반도를 빚어내고
위로는 토문을 뻗어내어 쑹화와 헤이룽을 이루어
드넓은 만주와 시베리아를 품에 안고서
굳건한 눈빛으로 랴오허를 넘어 중국을 굽어본다.

일찍이 이곳에 단군 성조가
널리 사람을 이롭게 하기 위하여 나라를 열고
고구려와 발해가 대륙에 천년 깃발을 드높이 휘날렸다.
이후 그들의 백성이던 여진에서 아구타가 나타나
금을 세워 황하 유역의 북부 종국까지 평정하더니

끝내는 팔기병(八旗兵)을 휘몰아쳐

비대한 중국을 무릎 꿇리고

타이완, 티베트, 몽골까지 아우르며 아시아를 호령하니

몽골리아 동이족의 융성이

백두, 그대의 기상과 지혜에서 비롯되었구나….

라는 표현에서는 사자후 같은 작가의 기백이 느껴진다.

〈내 마음 속 그 푸른 초원을 찾아서〉는 우리 민족과 그 근본 뿌리가 같고 인종적·역사적·외형적 모습 등에서 우리와 유사한 점이 많으며 밀접한 관련성이 있는 몽골민족에 대해 큰 관심을 갖고 몽골을 찾게 된 소감과 몽골을 여행하면서 느낀 감회 등을 설득력 있는 어조로 실감 나게 그려 내고 있는 작품으로 생각된다. 몽골과 우리나라, 몽골민족과 우리 민족은 아주 질긴 인연의 끈을 빚고 있으며 결코 남이 될 수 없다는 전제 아래에서 여러 가지 방법으로 그들과 좀 더 가까워지고 상호간에 교류·협력을 강화시켜 나가는 것이 양국의 발전을 위해서도 꼭 필요한 일일 뿐만 아니라 그들과의 본래적 관계를 회복하는 데에도 큰 역할을 한다는 것이다.

　문학을 통해 몽골과의 끈끈한 연대성 추적에 박차를 가하고, 이를 통해 우리 국민의 뇌리 속에서 희미한 존재였던 몽골과 몽골민족, 그리고 그들과 우리와의 진한 관계성을 다시금 일깨워 주고자 하는 작가의 열의에 놀라지 않을 수 없다.

　〈나일강에 띄우는 편지〉에서 작가는 이집트 여행을 통해 느낀 감회와 함께 과거 찬란한 문명을 구가했던 이집트의 흥망성쇠를 차분히 되돌아보고 있는데, 그 강하고 화려했던 과거에 비해 너무나도 쇠잔해진 오늘의 이집트 모습에서 안타까움을 금치 못하고 있다.

　고구려의 옛 터전, 백두산, 몽골 등지로 향했던 그의 발걸음은 더욱 멀리 뻗어 나아가 동·서양의 접경지 터키에까지 이르게 되는데, 이곳 터키에서 여행하며 느낀 것들을 수필로 형상화한 것이 바로 〈모든 역사는 터키로 통한다〉이다.

　그는 이 작품에서 터키의 다양하고도 복잡한 역사적·지정학적인 위치로 인한 축복과 고난, 동·서양의 문화와 예술·종교가 고루 망라된 터키의 과거와 현재의 모습, 터키인의 민족성 등을 두루 살펴보면서 그때그때의 상념들을 차분한 어투로 털어 놓고 있다. 특히 그는 6·25 때 참전하였던 터키와 우리나라의 관계, 그로 인한 터키인들의 우리에 대한 호감과 친밀성, 남을 배려할 줄 아는 터키인들의 열린 마음과 친절, 그런데도 아직 터키에 대해서 잘 모를 뿐만 아니라 6·25 때의 그 혈맹관계를 망각하고 있는 우리나라 사람들의 태도 등에 대해서 경쾌하면서도 명료한 문체로 이야기하고 있다.

이 작품에서 그가 묘사하고 있는 다음과 같은 글,

…그는 건물 밖 길까지 따라 나와 텁텁한 웃음으로 환송을 해 준다. 그런데 이게 웬일, 불교식으로 합장을 하며 머리를 깊숙이 숙여 인사를 하는 것이 아닌가? 한국 사람들은 모두 그렇게 인사하는 것으로 알고 손님을 존중하는 의미에서 합장을 했단다. 이슬람 교도지만 이교도 방식으로 인사를 해 주는 그의 태도에서 관대한 마음이 느껴진다….

에서 보더라도 남을 배려할 줄 아는 터키인의 심성이 금방 느껴진다.

정상호의 수필에는 우리나라 및 우리 민족의 역사와 이웃 나라 또는 세계의 역사를 서로 비교해 보면서 그 연관성과 그것들이 서로 미친 영향 등을 세밀히 살피고 따지는 가운데 그 교훈을 배우고 우리의 진로에 어떻게 활용해야 할 것인지를 탐구해 보는 내용이 많다. 더러 과거의 역사나 이런 것들이 현재의 우리에게 뭐 그리 중요하겠느냐고 생각하는 사람들이 있을지도 모른다. 그러나 '과거의 모든 역사는 현재의 역사다' 라는 말도 있듯이 과거의 역사는 현재의 우리를 올바로 파악하고, 그 잘잘못을 교훈 삼아 보다 훌륭한 미래를 만드는 데 꼭 필요한 것이다.

　　이런 점에서 시공(時空)을 초월하여 우리의 과거와 현재, 미래를 살펴보면서 그 문제점과 난세(亂世)를 해부하고, 그 치료방법이나 적절한 대책까지도 제시하는 그의 문학적 시술이 놀랍게 느껴진다.

경인년 가을
한국문인협회 회장
이철호

아주 사史적인 고백

1판 1쇄 발행 2010년 10월 15일
1판 3쇄 발행 2011년 6월 17일

지은이 | 정상호
사진 | Rex, Topic, 권혁재, 정상호

발행인 | 김재호
편집인 | 이재호
출판팀장 | 안영배

기획 · 편집 | 김경화
아트디렉터 | 윤상석
디자인 | 박은경
마케팅 | 이정훈 · 유인석 · 정택구 · 이진주
교정 | 이승렬
인쇄 | 우성피앤피

펴낸곳 | 동아일보사
등록 | 1968.11.9(1-75)
주소 | 서울시 서대문구 충정로3가 139번지(120-715)
마케팅 | 02-361-1030~3 팩스 02-361-1041
편집 | 02-361-1254 팩스 02-361-0979
홈페이지 | http://books.donga.com

ISBN 978-89-7090-821-2 03980
값 16,800원